食べる。《どっと》横浜

決定版

横浜の
地産地消
ガイドブック

神奈川新聞社

隣の畑で育った野菜が今日の食卓に並ぶ。そんな毎日を当たり前のように過ごせるのが横浜という〝まち〟だ。人口約３７０万人の大都市でありながら、その中にしっかりと畑と田んぼがある。

４万３５８０ヘクタールの市域のうち農地は３１３９ヘクタール。約７パーセントに及ぶ。統計で把握できる野菜40品目の収穫量は全国１８００市町村の中で58位の約４万９０００トン。小松菜のように全国１位の品目もある。パンジーやシクラメンなど花も盛ん。ナシもブドウもあれば、牛も豚も鶏もいる。キャベツや大根など毎日の食卓に欠かせない定番から珍しい西洋野菜まで、季節ごとに直売所に通えば野菜と名のつくものは何だってあるような気がしてくる。横浜の大地の恵みは豊かだ。

このかけがえのない宝物に今、多くの人が気づき始めている。

その輝きを、体いっぱいに教えてくれるのが「食べる」ということ。だれでも、いつでも、だれとでもできて、そして何よりも楽しくて、にぎやかで、おいしい。そんな気楽でステキな横浜とのかかわり方があったって、いいじゃん。

さぁ、横浜を食べよう。この土地にしかない本当の豊かさを知るために。この輝きがいつまでも続いていくように。

レシピ

本書の使い方

○本書に掲載したデータは2011年1月～2012年2月現在のものです。本書出版後に紹介した内容が変更されたり、季節による変動や臨時休業などで使用できない場合があります。ご利用の際には事前にご確認ください。本書で掲載した内容により生じたトラブルや損害などについて補償いたしかねます。あらかじめ了承の上ご利用ください。

○飲食店の料理は、旬の食材を扱うため常時メニューにないものがあります。市場動向により価格の変更もありますので、各店舗にお問い合わせください。直売所で販売する農畜産物も季節により取り扱いの有無・価格等変動があります。

○「散歩道」に掲載した直売所、飲食店、施設、交通機関ほか情報をご利用の際には事前にご確認ください。地図に掲載している位置、所要時間などはあくまでも目安であり実際と異なる場合があります。歩かれる方の体力や、年齢によっても左右されます。「散歩道」は一部自然環境の中にあり、天候の影響を受け常に変貌しています。

◎面積の換算

1ヘクタール(ha)＝100アール(a)＝10,000平方メートル(㎡)

100㎡は1a。

ちなみに横浜スタジアムは約1.5ha

ハマの小松菜、日本一

一面に広がる小松菜の畑の向こうに、みなとみらいのランドマークタワーが見える。緑色が覆うこの丘の風景は、どこか遠くの農村に来たかと錯覚する。しかしここは市営地下鉄仲町台駅から徒歩5分の折本、東方農業専用地区（合計約100ヘクタル）。横浜は港北ニュータウンのど真ん中だ。

横浜市は小松菜の一大産地だ。2006年には収穫量3700トンで全国約1800の市町村の中で堂々の1位（※1）。毎年、上位を争う。高い生産力を支える要因の一つが冒頭の農業専用地区（※2）。横浜市独自の制度だ。初めて訪れるとみな一様に驚く。「こんなにでっかい畑が横浜にあったのか」と。東京などほかの大都市が「点」として農地を残しているのとは対照的に農専は「面」。作業性は高く、産地としての競争力を保つ。横浜の農業の核となっている。この広大な畑で農家は存分に腕をふるう。東方農専などで小松菜の周年栽培に取り組む城田朝成さんは、年間約10万束を出荷。市内の品評会で5年連続優秀賞に輝く。「品質と味にこだわる。食べるものを作っているという意識を強く持っている。小松菜は育てやすく回転率がいい。安定的な経営ができる」と話す。小松菜はすぐに鮮度が落ちる軟弱野菜。消費地の近隣でまかなう傾向が強く、横浜に適した野菜とも言える。

広大な農地と農家たち。後は食べる人がいれば完結するが、そこは横浜が一番得意とするところ。369万の胃袋がある。そして販路も市場だけでなく、スーパーとの直接取引、直売など多様。鮮度は味に直結し「おいしい」と人を引きつける。市民が小松菜の料理コンテストを企画するなどユニークな盛り上がりも見せつつある。

地域生産、地域消費を略して「地産地消」。一言でいえば自分が暮らす街で作られた農産物を食べること。その魅力について全国地産地消推進協議会会長で、発酵学者の小泉武夫さんは「生産者の顔が見える安心感。おいしさ。幸せ。その土地の食べ物で育った子供は街への愛着が深まるという調査結果もあるんですよ。若者を農業に巻き込める可能性だってある。農地も人も多い横浜はいいところだね」。20年以上横浜に住んでいた小泉さんも横浜の底力に期待する。

ハマの小松菜日本一、地産地消も日本一？　ホントかウソか、確かめたいならまずは今日の帰り道に直売所に寄ってみよう（最寄りの直売所が分からない人はこの本を後ろから読んでみてね）。

※1　農林水産省野菜生産出荷統計（平成18年産）　※2　市内に合計約1050ヘクタル（2012年2月現在）

「束」か「袋」か

束か袋か？　小松菜の出荷には大きく分けて二つの方法がある。都筑区の加藤之弘さんは「うちはほとんど『束』だよ」。新鮮な濃い緑と葉物らしいたたずまいが目も楽しませてくれる。ピタッとまとめて仕上げるのは実は相当に難しい。

直売所はほとんど束だが、スーパーでは袋入りも。横浜丸中青果で地場野菜を担当する飯嶌和広さんは「袋はハウス、束は露地が多い。好みですが1、2、3月は霜にあたっている露地ものの方が甘みがありおいしい」と話す。なお袋は県外産に多いそう。横浜〝伝統〟の束、お楽しみあれ。

小松菜の可能性

小松菜は未来あふれる野菜—。横浜市民には定番中の定番だが、全国や世界で見ると、実はまだまだ知名度が低い。しかし、その高い潜在能力に注目が集まっている。

小松菜は東京が原産地。徳川吉宗に献上され知られるところとなった。元々は関東の地方野菜だ。日本でも西日本では最近まで食べる習慣はなく、海外ではなおのこと。まだ無名の存在だ。

しかしその力を人は見逃さない。「栽培しやすく、栄養価が高い。スープ、炒めもの、ベビーリーフのサラダなど使い勝手がよい。野菜として素晴らしい長所がある。可能性にあふれる」。仲町台駅近くの種苗会社「サカタのタネ」(都筑区)の育種家、西川和裕さんは力を込める。最近はほうれん草より暑さに強いため、夏場の作型で入れ替わるように西日本で拡大しているそうだ。

「小松菜を世界に広げたい。食べる文化、作る文化、それにふさわしい品種を作りたい」と西川さん。〝ダイヤの原石〟は今、磨かれている。

育種家の西川さん。「はっけい」「なかまち」など、横浜の地名を冠した品種の育ての親でもある／サカタのタネ「君津育種場」

column

地下足袋の土

眉間の傷。都市景観という概念が目新しかった1960年代、関内周辺を高架で横切る首都高速計画を「これは眉間の傷だ。横浜の都市空間がむちゃくちゃになる」と反対。国の都市計画決定を変更し地下化に導いた。当時の飛鳥田市政をブレーンとして支えた故田村明氏の「都市ヨコハマをつくる」（中公新書）に当時の喧噪と自由闊達な市政の熱気が綴られている。ベイブリッジなど今の横浜の〝まち〟を形作った「六大事業」がある。

そのうちの一つ、港北ニュータウン計画。強烈な開発圧がかかる中で「街と農の共生」を目指した。核となる施策が「農業専用地区」だ。農地と市街地を分け、かつ集約。山を切り、谷を埋め農地を整えた。ここでは農業をやるという〝領地宣言〟だった。国の農振法に先立つ1968（昭和43）年の制定は横浜の先進性を物語る。

優れた政策を支えた思いがあった。都筑区の古い農家は記憶をひもとく。「畑仕事の合間に仲間と直談判に行ったよ。『ここで農業を続けたい』って」。地下足袋に作業着姿。そのままの気持ちを訴えた。「眉間の傷」のようには語られることのない一人一人の農家の足跡。その地下足袋の土が今に続いている。

農振法＝農業振興地域の整備に関する法律

地産地消の肥料で

◉折本堆肥組合

　小型のブルドーザーが黒い土の山を持ち上げると白い蒸気がモワッと立ち上る。「冬だと真っ白になって前が見えないよ」と角田昇折本地区有機肥料生産利用組合長。堆肥作りは微生物による発酵が肝。蒸気は分解時に生じる発酵熱によるもので、良質の堆肥が作られている証拠だ。完熟させて土作りの基本の「元肥」として使われる。

　使用量は1反（1000㎡）で1トンとも言われ、おいしい野菜作りには良質な堆肥が大量に必要だ。その堆肥の原料は時代とともに変わりつつある。

「昔は都筑の牛と豚から出るし尿の活用が始まりだったんだよ」と角田稔組合員。都筑区の都市化により、区内の養豚業と酪農業が減少したこと、また同じ原料を使い続けることで土の栄養バランスに偏りが生じたため、現在は横浜市内を中心とした食品の残りを主に使用している。

　加工時のにおいも動物のし尿に比べると少ないため、宅地が近い都市農業にも適している。またこれまで捨てられていたものが肥料に生まれ変わるので、環境にも優しい。まさに「循環型」の農業だ。

　都市環境を有効に使ったもう一つの地産地消、堆肥作り。横浜の「野菜」を足下から支えている。

▲市内の業者からある程度発酵の進んだ食品残さを購入し、作業場で庭木の剪定枝などをすき込む。発酵に必要な水分と酸素を与えながら土をかき混ぜる。2週間ほど寝かせた後、それぞれの畑に運ばれ、さらに半年ほど寝かせた後、使用する。

レシピ拝見！

「炭焼喰人《すみやきしょくにん》」（都筑区）の人気メニュー　小松菜のナムル

　考案はオーナーの山本大祐さん。小松菜は味の良さと安全性を考慮し、主に都筑区折本町の農家・加藤之弘さんから仕入れている。収穫したばかりの小松菜をその日のうちに調理するから歯ごたえ抜群。旬の冬は甘く、春物はからし菜のような風味が楽しめる。作って2日目は茎まで味がしみておいしいと評判だそう。店では「有機青菜ナムル」（320円）として人気の一品。

【材　料】（２人分）

小松菜…………半束くらい

A
- いりゴマ………大さじ２
- しょうゆ………大さじ１弱（お好みで調節）
- ゴマ油…………大さじ１
- 塩・味の素……少々

【作り方】

❶小松菜の茎を湯通しして水にとり、水気を絞って５cm長さに切る。
❷葉を湯通しし（しゃぶしゃぶの要領でさっと湯にくぐらせる）、水気を絞って５cmの長さに切る。
❸①と②を塩（材料とは別）でもみ、しばらくおいて水気を絞る。
❹Ａをゆでた小松菜と合わせる。

★Point

葉のシャキッとした食感の秘訣は❷。しょうゆの分量は塩もみした小松菜を味見して決めよう。

ひでくんちのいちご畑

「ひでくんちのいちご畑」はイチゴをメーンに摘み取りができる体験農園。誰でも気軽に体験できるように、イチゴハウス内の通路は車いすも通れる広さ。生育場所を高くした高設栽培は、しゃがんでの作業がつらいお年寄りに優しく、子どもにとっては目の前にイチゴの大迫力。にっこり笑顔、大喜びだ。

甘みが強く柔らかいため市場出荷に向かない「章姫」と甘みと酸味のバランスがよい「紅ほっぺ」を育てている。

体験農園のきっかけについて「野菜嫌いの子どもを見て、自分でとった野菜なら食べてくれるかなと思って」と園主の田丸秀昭さん。イチゴのほか、秋には野菜の摘み取りも行っている。ハウス内を整然とすることを心掛け、受け入れ体勢は万全だ。

ちなみに、お客さんの大半はリピーターという。それも都筑区や青葉区、緑区など近場がほとんどで、〝ママ友〟同士が幼稚園送迎の後に来ることもあるそう。気軽さも人気の秘訣のようだ。

●ひでくんちのいちご畑
都筑区池辺町1577
☎080-6705-1515
㊔9:00～売り切れまで(12～5月上旬)

夢のつづきは芋焼酎

ここ数年で居酒屋の定番となった芋焼酎。本場はもちろん九州だが、都筑区内でも造られている。

「夢のつづき」。都筑区にぴったりの名前は、原料のサツマイモが都筑区産だから。「紅あずまプロジェクト」と銘打ち、*都筑ハーベストの会が栽培から焼酎造りまでを楽しめる企画を行っている。もちろん一般参加もOK。

〝都筑焼酎〟のポイントは、一般的に芋焼酎に使われる品種の「黄金千貫」ではなく、関東地方でよく栽培される「ベニアズマ」を使うところ。同品種は甘みが強くほっくりとした食感。焼き芋やふかし芋でもおいしい。5月に芋つるを植え付け、11月に収穫。鹿児島県出水郡高尾野町の神酒造で手造りで仕込む。

気になる味は「香りがはっきりしていて、すっきり。飲みごたえがある」とのこと。限定700本。

*「都筑ハーベストの会」(佐々木秀夫理事長)は同区内で精神障害者の通所施設「地域活動支援センター　都筑ハーベスト」やグループホームなどを運営するNPO法人。約1、200坪の農園で野菜作りなどを行い、自然とふれあう中で心の健康の回復につなげようと活動している。平成2001年設立。通所者は約40人。

横濱 花菜屋　街の野菜の御用聞き

「サザエさんに出てくる『三河屋さん』が理想です」。2011年、都筑区内にオープンした地場野菜の八百屋兼総菜屋「横濱 花菜屋」（花田勝文さん）は、団地への引き売りと直売所の売れ残り野菜を使った総菜が人気。同区内の商店街に店を構え、都市と農業が結びつくような街づくりに一役買いたいと思いは熱い。

元々、都筑フードネットの一員として活動、地産地消の世界に足を踏み入れた。市内の酒屋で配達をしていたころ「一緒に新鮮な地場野菜を持って行けたら」と思いつき、実践。好評だったという。その後、足繁く農家の元に通い、畑に足を踏み入れても怒られなくなるころには、もう肩まで地産地消の世界に浸っていた。

野菜と街に詳しくなるにつれて、買い物弱者、大型店舗に押される地元商店街、食の安心・安全など、この時代と地域が抱える問題も見えてきた。花菜屋が「その解決の一助になれば」とも考えている。

「3・11の大震災のとき、ガソリンがなくなったから自転車で届けた。そうしたら泣いて喜ぶおばあちゃんがいたんですよ」。

食べ物を届けるということ、一対一で人と接するということ、大切なものを改めて考えている。

都筑フードネット

シェフと農家のマッチング

地産地消を旗印に都筑区で活動する市民団体が「都筑フードネット」（花田勝文代表）。飲食店のオーナーやシェフが集まり、地場野菜のおいしいさをＰＲすべく活動している。メンバーはオリジナル料理を持ち寄り、試食などの勉強会を開いている。

同区内の農家も協力しており、料理人と農家の〝マッチング〟の場ともなっている。野菜は美味しく料理してもらって一層輝き、料理は素晴らしい素材に助けられることで一層輝く。そんな両方を引き立てるつながりだ。

現在は７店舗が参加。2011年は親子の収穫体験と料理教室を行うなど、食べるだけでなく、野菜ができる姿を肌で感じてもらう「体験」にも力を入れている。

化学肥料や農薬を使わない都筑ハーベストの野菜は、毎週金曜日に都筑区役所と市営地下鉄のセンター南駅で購入できる。季節の露地野菜をはじめ、漬物、みそ、ジャム、スイートポテトなどの菓子類。形はふぞろいかもしれないけど、味には自信あり。

常連客に人気があるタマネギの漬物は、毎年５月に収穫したタマネギをカットし、甘酢で漬け込んだもの。これを粗く切り、サイコロ切りにした赤ピーマンやキュウリを合わせると、味付けなしで立派な一品料理になる。新タマネギの時季は甘みの中にさわやかさも。

竹林の中に佇む隠れ家的レストラン。
フレンチと和食の融合による創作料理

むくの実亭　☎942-2730

池辺町2072 営 11:30~15:00
17:30~21:00　完全予約制 休 月曜

この水路沿いは
アジサイがきれい

美濃屋あられ　☎941-2041

大正10年(1921)創業の米菓子屋。工場の一角に直売店があり、お得な割れ煎餅も! 店名は先代の故郷・岐阜県美濃から名づけられた。

Map 5　新鮮な水をたくさん飲んで育ってますよ~

平本養鶏場

東方町1771 営 9:00~17:00
ほぼ毎日営業

鶏卵1kg (430円)=L玉15個、M玉17個
*目安です

Map 7

ひでくんちのいちご畑

P.12

Map 8　朝もぎを直接お届けします!

みとめ園のいちご

池辺町1503-1 営 9:00~12:00
12~5月上旬 休 不定休

イチゴの直売　500~600円
*のぼりが目印です

Map 9　収穫時期にハウスで販売

さの農園

池辺町1415 営 11~1月、5~7月
自動販売機

ハウストマトの直売 (自動販売機)

Map 11　完熟イチゴ売ってマス

ねもと園直売所

見花山13 営 8:00~12:00　12~6月
期間中はほぼ毎日営業

ハウストマトとイチゴが中心。オリジナルのイチゴ(プリンスベリー)が人気

Map A　野菜販売と収穫体験☆

ひまわり(MARUIファーム)

営 14:00~16:30 6~10月　月・水・土
11~3月　週2不定期

ブルーベリーとイチジクの収穫体験も

Map B

中山実さんと中山勇さんの直売所

P.19

Map C

WILD RICE

P.17

Map D

炭焼喰人

P.19

港北ニュータウン

所要時間　1時間
走行距離　10.05km
（歩行距離時間除く）

〝トカイナカ〟をスイスイ

自転車に乗ってのんびりと行こう。トカイとイナカを行ったり来たり。
この爽快感が農と街が奏でる港北NTのハーモニー

- 市営地下鉄 センター南駅
- → オリックスレンタカー 港北センター南店
- → 10分 1900m
- **1 メルカートきた**
- → 8分 900m
- **2 東方天満宮**
- → 3分 600m
- **3 源東院**
- → 5分 700m
- **4 ビューポイント（折本農業専用地区）**
- → 3分 500m
- **5 平本養鶏場**
- → 6分 1300m
- **6 東方公園**
- → 2分 400m
- **7 ひでくんちのいちご畑**
- → 3分 450m
- **8 みとめ園のいちご**
- **9 さの農園**
- → 5分 700m
- **10 都筑ふれあいの丘**
- → 5分 800m
- **11 ねもと園直売所**
- → 10分 1800m
- オリックスレンタカー 港北センター南店
- → 市営地下鉄 センター南駅

スタート!

高台に広大な畑! ここ横浜?

梅の名所
東方天満宮

目印の看板

細い農道をたどり天満宮へ

東方天満宮
梅が咲くと階段が桃色トンネルに!

平本養鶏場
健康食で育ってマス

牧歌的な風景の向こうに
ランドマークタワー。
みなとみらい地域が一望

いい眺め〜

ビューポイント（折本農業専用地区）

源東院
隠れパワースポット

東方公園

畑マークのグリーン

JA市民耕作園「池辺富士見ファーム」

市民農園

ひでくんちのいちご畑（P.14）

都筑ふれあいの丘（P.96）
バスロータリーの歩行者信号の先の広場にて、日曜朝市（P.96）と中山さんの直売所（MapB、P.19）

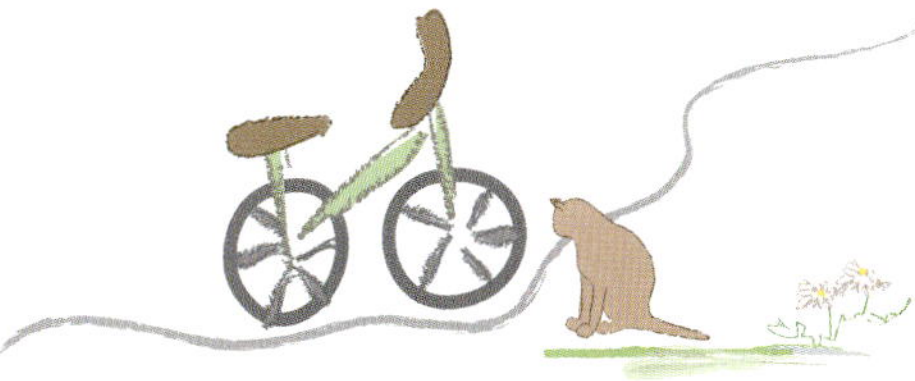

平野フキさん。
人柄が味を一層引き立てる

ひすい梅の輝き

「ひすい梅」。澄んだ青梅の果肉にシロップがつややかな照りを加える。都筑区に住むジャム作り名人、平野フキさんの代表作だ。5月の梅の香りと色をそのまま閉じ込めたよう。凛とした「青」が目を引く。

梅の酸味と柔らかさ、甘みの加減も絶品だが、特にその色にこだわる。中国で買った専用の銅鍋を使い、退色を嫌って作り置きや冷凍はしない。「色よく出ると『やった』って気分ね」。御年七十六、色を語るフキさんの目はまるで、新進気鋭の芸術家みたいだ。

ブルーベリーやルバーブ、夏ミカン、ユズなど季節の定番のほか、ショウガやサツマイモなど変わり種もある。年間で計約4、000本をさばく直売所の人気商品だ。

驚きのジャムが生まれる加工所を、フキさんが作ったのは70歳を超えてから。一般的に年齢を考えると、加工所への投資は大胆に映るかもしれないが、フキさんのこれまでは、チャレンジにあふれている。

＊

平野家に嫁いだ1950年代後半、「自分の財布はないし、夫婦で出掛けるなんてとんでもない話」。「農家の嫁」が1人で何かをやることは考えられない時代だったが、少しでも自由な時間を得ようと、地域の「嫁」たちとグループを結成。畑の隅で育てた野菜を直売したり、地域の祭りで加工品を売ったり。見慣れない行動をいぶかしむ周囲の声も、日々の仕事をこなしつつ売り上げを立てるごとに協力の声に変わっていった。

「農家の嫁の自立」という言葉が、大げさに聞こえないほど精力的な活動。女性農業者の直売グループ「大熊にこにこ市」などの活動は現在に続いている。

＊

さて、再びジャムの話。20種類以上に及ぶレパートリーとその味の秘密について「どこにでもあるものを作っても面白くないでしょう。失敗かなと思ったら、もう一工夫」とフキさん。女性農家としての来し方が、ジャムにもにじみ出ている。

創作料理／野菜料理

WILD RICE《ワイルド ライス》 natural dining

蒸し焼きのパプリカに素揚げのバターナッツ。メーン料理をおおうバリエーション豊かな野菜は特製ソースで“こってり”といただく。オープン５年目、昼前から行列の人気店は近隣の契約農家10軒から届く泥付き野菜を３～４時間かけスタッフ総出で準備。茎の間の土を楊枝で落とす念の入れようだ。農家の信頼もあついシェフの加藤康昭さんは「アイデアは畑から。お客さんをがっかりさせない」と、旬の味覚を生かす調理法でメニューを考案。店の壁には「採れたて・こだわり・おすすめ」の文字が並ぶ。野菜と相性抜群のドレッシングはテイクアウト可（450円）、小さな子どもも“ぺろり”のお子様ランチ（昼500円、夜750円）は山盛り野菜添えでベジタブルカレー、トマトパスタの２種。

＊ランチ（1380円～）、野菜たっぷり本日のパスタ（1380円）、本日のお魚グリル農園野菜添え（1680円）

都筑区茌田東4-1-1ボードウォークガーデン

☎045（942）8884

交市営地下鉄センター南駅徒歩10分

営11:30～15:00（LO14:00）、17:30～22:00（LO21:00）

休水・第3火曜

知って得する！　加藤シェフの「ドレッシング」

野菜はもちろん冷しゃぶ、焼き魚にも

【材料】　玉ねぎ50ｇ／しょうが15ｇ／トマトペースト（市販）15ｇ／白ワインビネガー60cc／しょうゆ90cc／サラダ油300cc

【作り方】　すべての材料をミキサーで混ぜる。一晩置くとマイルドな味、鮮やかな赤色に。

市内最大級、JA横浜直営店

JA横浜 メルカートきた

参加する農家は120軒にのぼり50品目を超える野菜、果物、加工品のほぼすべてが市内産というこだわり。これも農家を守り消費者の安全性を確保するためという。店長の三村泰輔さんは「スーパーで手に入らない品を宝探し感覚で」とにっこり。始まりは小さな軒先販売。人気が人気を呼び平日約700人、土日約800人を集客する現在の施設へと変貌を遂げた。開店とともに活気に満ちる店内には、売れ行きをにらんで追加の品が随時運び込まれる。手製の説明書きを手に、生産者と消費者がじかに触れ合う光景も見られ「同じ野菜でも品種や生産者による違いがあって楽しい」と常連の女性客。車でのアクセスが良く利便性の高さも魅力。時季には「浜なし」、運がよければ横浜産バナナに出会えるかも。月２回※の精肉販売もお見逃しなく。

※第２・４土日（要事前確認）

都筑区東方町1401　☎045（949）0211

交市営地下鉄仲町台駅徒歩20分、または江田駅行きバスで「向原」下車５分

営8:30～17:00　通年（年末年始を除く）

休無（農協祭りなどを除く）

Ⓟ約50台

ⓘ野菜・果物・卵・加工品・肉・牛乳・苗

Ⓢ春（イチゴ・菜の花）／夏（トマト・キュウリ・トウモロコシ）／秋（ナシ・栗）／冬（小松菜・大根・白菜）

ⓘ取り扱い品目　Ⓢ旬の商品

作り手、買い手の笑顔広がる

大熊にこにこ市

夕刻週２回、がらんとした空き地がにぎやかな市場に変わる。朝どり野菜や代々伝わる漬物やジャムなどお袋の味がズラリと並ぶが、主役は元気な「10軒の農家のおばちゃん」たち。前身は「大熊生活改善グループ直売所」。昭和59(1984)年、平野フキさんを中心に農家の嫁が結束し旗揚げしたところ、周囲の心配をよそに大人気に。雨の日も販売前から客が列をなし、「わが家は８割がここの野菜」と子連れのママさん。駆け回る子どもを市全体が温かく包む。TV番組「ちい散歩」の取材では、常連客が購入した野菜でジュース作りを披露。毎年２回（7、12月）行われる感謝セールの活況はもはや風物詩となった。先進的な活動は全国に知られ、昨今は福井や福岡に飛ぶなど広く交流を生む。地元では都筑ふれあいの丘朝市（P96）の応援など、先駆けとしての手腕を存分に振るっている。

都筑区大熊町401
交 市営地下鉄新羽駅徒歩15分。または市営バス41系統「大竹」か「大熊町」バス停下車。両バス停の中間地点、大熊町つつじ公園の対面
P ２台
営 15:30〜17:30（４〜９月）
　15:00〜17:00（10〜３月） 月・金 ※祝日は休み
i 野菜・加工品・花
S 春（タケノコ）、夏（露地トマト・トウモロコシ・枝豆）、秋（オータムポエム）、冬（プチヴェール・ズイキ・白菜・赤カブ）

創作 和・洋料理

Dining Bar Zen

地元の常連が集まる隠れ家風レストラン。「供された瞬間の驚き、喜びを大事にしたい」と語るオーナーの大矢善智さん。さまざまな店で修業を積んだベテランだが、うかい亭あざみ野店（青葉区）で対面式の調理・接客経験があるという。箸でもいただける洋食、遊び心あるワインのショーケース、店のしつらえなど随所に質の高いサービスが生きるが、敷居は決して高くない。都筑の地場野菜を惜しげもなく使ったメニューは洗練度と意外性で女性客をとらえ、冬限定「トマトとカブのカブレーゼ」を飾る特製ソースは横浜が誇る小松菜（P8）があればこそ。鮮度抜群の食材を駆使し、客のリクエストに応える柔軟さ、和洋中の型にはまらない料理こそ最大の魅力、開店５年目のダイニングを支えている。

＊ランチ（945〜2100円）、トマトと生ハムとアボカドのアンサンブル（950円）、ディナーは（8品、2500円〜）

都筑区勝田町1071　☎045(948)6955
交 市営地下鉄センター南駅徒歩20分
または綱島駅行きバスで「勝田」下車３分
営 11:30〜14:30（LO14:00）
　18:00〜24:00（LO22:30）
休 月　P ８台

知って得する！
大矢シェフの「小松菜のジェノバ風ソース」

焼き野菜やトマト、パスタに

【材料】 小松菜（半束）／コンソメ（粉・小さじ１）／ニンニク（1かけ）／松の実（20g）／粉チーズ（パルメザン・大さじ2）／EXバージンオリーブ油（3/4カップ）
【作り方】 材料をすべてミキサーに入れてペースト状にする。

親子3世代が紡ぐ味

角田敬一さんの直売所

「ここの白菜は漬かりが違う」「嫁や義母に代わって買いに来る」。20年来、直売一筋。客の声に後押しされ年間50品目の青果に挑戦、夏野菜の時季は30品目を超え葉菜・根菜類も豊富。取材時はズイキ、ムカゴも。固い土で育てたトマトの“たくましい味”は長年の努力が実を結び、春先のイチゴとともに人気。奥さんの美香さんが切り盛りする店内は朗らかな接客でいつも和やか。広い道沿いでアクセスしやすいのも◎。

都筑区川和町1817-4
交市営地下鉄川和町駅徒歩５分
営12:00～日没まで
休月・金（＊夏場の8、9月は休み）
i野菜・卵・加工品
Sトマト（ほぼ通年）、イチゴ（1～5月）

2家族結集のサービス&品揃え

中山実さんと中山勇さんの直売所

プチヴェール、アイスプラント、レタサイ―。珍しい野菜を先陣切って作る勇さん、自信の水耕栽培トマトを要に「自分で値段を決めたい」と、長年直売に徹する実さん。特長ある２軒の“中山さん”が共同経営。目新しさと豊富な品揃えを求めて近隣の住人や都筑地区センター帰りの客、人気店のシェフらが通う。「寄るのが楽しみ」「他にないものがある」と評判は上々。開放的な“マルシェ”の雰囲気もいい。

都筑区葛が谷3-3
交市営地下鉄都筑ふれあいの丘駅徒歩１分
営10:00～（売り切れ次第終了）
４月下旬～８月上旬（月・水・金・土）／10月下旬～３月上旬（月・水・土）※３～４月と８～10月の一部期間は端境期のため休み
i野菜　Sトマト（11～1月、3～6月）

昔懐かしい“元気印”の卵

織茂養鶏場

「とれたての卵。正直言ってうちの強みはそこだけ」（織茂武雄さん）。父保正さん創業の養鶏場は閑静な住宅街の中に佇む「昭和」の風情。4000羽のうち育成中をのぞく2800羽が、毎朝2500個の卵を産む。ストレスをかけない飼育を心がけ、与える水は井戸からくんだ地下水。衛生管理も万全だ。おいしい卵の見分け方、織茂家直伝の簡単親子丼やオムレツ、ネギ入り卵焼きの作り方を知りたい方は現地まで。

＊１キロ=赤卵420円、規格外300円、割れ卵200円。10個入りパックL290円、M260円、MS230円。ばら売りも。メルカートきた（P17）、都筑ふれあいの丘朝市（P96）でも購入可。肥料用の鶏ふんは１袋200円。

都筑区南山田町4526　☎045（591）3428
交市営地下鉄東山田駅徒歩15分
営９:00～17:00（昼休12:00～13:00）　休無休
i卵・野菜

焼き肉

炭焼喰人（すみやきしょくにん）

オーナー・山本大祐さんは30～300日、最大限の熟成でうまみを引き出した肉を提供する。自信の表れが「うちのロースを食べてみて」。勧められ徳江農園のシイタケ（P29）と一緒に頬張ると格別の味わい。吟味した厚切り肉は上ハラミやカイノミ、裏メニューで上ロース、タンなどオーダー可。副菜の有機青菜のナムル（320円）は主に加藤之弘さん（P8）の小松菜を通年使用。10品目のサラダ（740円）など都筑の新鮮な地場野菜と元気なスタッフが店の看板だ。

＊上ロース（1050円）、カイノミ（1890円）、厚切り上ハラミ（2100円）、徳江農園しいたけ（530円）

都筑区茅ケ崎中央26-25　☎045（929）2919
交市営地下鉄センター南駅徒歩５分
営17:00～24:00（LO23:00）
休第３火曜日、不定休

ほうれん草　葉物の王様

ハマの葉物野菜の王様、ほうれん草。甘みとうま味と栄養たっぷり、元気印の濃い緑色は食卓に欠かせない定番野菜として家庭や学校給食で活躍している。

「休みもなく仲間と切磋琢磨してきた。視察でも横浜のほうれん草栽培の技術はトップレベルと感じる。理想を目指した芸術作品だよ」と軟弱野菜専門の石川照雄さん(都筑区)。誰からも必要とされる定番野菜だからこそ、常によい品質を市場に出し続けてきた。市内の収穫量は年4200トン。小松菜より多く、県内でもダントツの1位だ。

旬は冬。「約3カ月かけてじっくり育つから、甘みもあるし、栄養も十分」と斉藤正史さん(同区)。日本ではおひたしが定番だが、海外ではキッシュやタルトでこってりといただく。乳製品に多いカルシウムがほうれん草のえぐみを抑え、甘さを引き出す。

栄養価も高い。管理栄養士として横浜市内の学校給食の献立などを考える市教育委員会事務局の川元礼子さんと巴浩子さんは「鉄、カロテン、食物繊維が豊富。カロテンは多くの緑黄色野菜からもとれるが、食物繊維はゴボウやキノコなどとれる食品が少ないので、(二つを備えており)優れた野菜」という。食育の観点からは、色々な食材を組み合わせることが大切とした上で「ほうれん草など色の濃い野菜を食べて」と児童に伝えているそう。教育現場からの信頼も厚い。

一昔前にほうれん草を食べて筋肉モリモリになる水夫「ポパイ」のアニメがあった。あれは缶詰のほうれん草だったが、横浜産は鮮度が抜群。〝効果〟のほど、推して知るべし？

ほうれん草の収穫風景。根は実は1メートル以上もある。しっかりと大地に根付くさまは「王様」よろしく貫禄たっぷり

〝偶然〟の害虫対策

ほうれん草には敵が多い。農薬を使わないと防げないが、あまり使いたくないのが農家の本音だ。「昔、畑にビニールのトンネルを張り、その中に捕まえてきたトンボを放したよ」。そんな笑い話とも言えない苦労話もある。今は不織布という光を通すが虫は通さない防虫シートで物理的に防ぐ。今でこそ当たり前だが、横浜では寒さ対策としてたまたま使ってみたことに由来するそう。偶然の産物だった。

＼教えて！／椿 直樹さんの

ほうれん草のカッテージチーズ和え

【材　料】(4人分)
ほうれん草…半束／めんつゆ…20cc／水…160cc　Aチーズの材料＝牛乳…1ℓ／プレーンヨーグルト…200cc／生クリーム…200cc／レモン汁…25cc／塩…10g

【作り方】
❶ほうれん草はかためにゆでて流水にさらして冷まし、よく水気をきっておく。
❷めんつゆ、水を鍋に入れて沸かし、一口大にカットしたほうれん草を加えて火を止め、常温で冷ます。
❸別鍋にAのチーズの材料をすべて入れ、いったん沸騰させてからザルにあける。
❹ザルにあけた脂肪分を寄せ集めてペーパタオルなどで形を整え冷蔵庫で寝かせる。
❺器に②のほうれん草の汁気を軽く搾って盛り、1cm角くらいにカットしたAのチーズをたっぷりと散らす。
❻全体を混ぜて出来上がり。
＊いつものおひたしが上品な前菜になります。

カッテージチーズもご家庭で簡単にできますよ！

［地産地消の仕事人］

椿 直樹さん
(よこはまグリーンピース代表)

ハマの野菜に魅せられた自他ともに認める「地産地消の仕事人」(農林水産省認定)。シェフでありながら市内産の野菜を使った料理教室やコンテストを企画し続け、2011年には流通や商品開発を手がける同社を起業した。10年来、胸に抱く信念がある。「こんなにおいしい食材をなぜみんな食べないのだろうか。食べてほしい」。地産地消をブームで終わらせるつもりは、ない。

都会を潤すサボテン

西部劇の舞台か、それとも流行の雑貨屋か―。
「カクタス広瀬」(旭区下川井町)はサボテンや多肉植物の専門店。
「過酷な環境に適応して進化した植物。
生きるための個性が面白い」と代表の広瀬隆一さんは言う。
自然の造形美を全開にしたサボテンよろしく、個性的な直売所だ

金鯱と広瀬さん

コーヒーの空き缶に湯飲み、古いブーツ、はたまた額縁から絵のようにせり出すサボテンやセダム。「植木鉢だけが鉢じゃないと思って。面白いでしょ。『まじめに遊んで』の気持ち」という。陳列にもこだわる。同じ品種を集めるのが一般的だが、あえてゴチャゴチャに。1万本以上あるから迫力満点。とても見切れないが、狙いはズバリ「探す楽しみ」。見始めると「もっと面白い形があるのでは」とワクワクして、あっという間に時間が過ぎる。

サボテンにはもう一つ大きなアドバンテージがある。そう簡単に枯れない、という美点。屋内に飾るインテリアグリーンとしての用途だ。「ベランダ、窓際でも大丈夫。たまに外に出せばきちんと育つ。水やりも楽。難しいこと抜きで緑を楽しむのにうってつけ」と広瀬さん。トゲの下にたっぷり水を蓄えたおおらかなサボテンたちは、忙しい都会人の歩調に合わせてくれる優しい〝隣人〟だ。

クリスマスローズ

「優しい風情がある丸い花びらが人気」と中村さん。花は2月、3月が全盛期

「うつむき加減に咲く控えめな花が日本人の好みに合うんですね」と話すのは50年以上前からクリスマスローズを扱う花光園(港北区)の中村剛さん。イングリッシュガーデンに欠かせない花としてバラやクレマチスと肩を並べる人気の宿根草。ウィンターガーデニングの王様的な存在だ。

ここ10年で人気が爆発したが、同園は老舗中の老舗。「先代が約50年前に欧州から仕入れ栽培を始めた。当時の値段で100万円以上の苗もあったようです」という。その長い経験から、さまざまな親株を持ち苗作りに高い技術を見せる。おもにポット苗でプロ向けに出荷するがネット販売、直売も行う。数年前、黒色で八重咲きの個体が1鉢数万円で取り引きされた経験もあるそうだ。

4カ月程度で出荷できるパンジーなどの一年草と異なり3年がかりだ。その魅力について中村さんは「100鉢を育てれば花は100種類。このばらつきが難しさであり楽しさ。3回冬を越えて『これは』という花を付けたときの気持ちは何とも言えないよ」

花供養

人と人をつなぐ花の命―。市内の花き農家による横浜市園芸協会は秋に「花供養」を行う。「畜霊祭」はよく聞くが、花の霊をなぐさめる祭事はなかなか珍しい。開始当時を知る緑区の小嶋恒さんは「花も生き物。花で生計を立てているものとしての感謝の思い」。すでに40年続く〝伝統行事〟。生産者が一堂に会し、若手やベテランが交流する絶好の機会になっている。

左:種を採る親株が数百、苗は約2万ポット。野外に地植えし大株も育てている
下:挿し木が難しいスモークツリーなど花木苗も扱う

農家とシェフの距離

畑とレストランの〝おいしい〟距離がある。街と畑が道一本を隔ててつながる横浜。遠くては届かない、近すぎては気付かない宝物をいち早く見つけ出すのが街中の地産地食レストランたち。和洋中、創作料理も居酒屋も洒落たカフェも「横浜産」の横串で貫かれた新ジャンルの店の数々がある。

「ニンジンは小金井さん、このカブは金子さん、キノコは徳江さん…」。地場野菜にこだわるレストラン「ナチュラーレ・ボーノ」(青葉区)の植木真オーナーの頭にはこの時期と季節にとれる野菜の農家の顔が刻み込まれている。ほぼ毎日、直売所に通うだけでなく、直接、畑まで出掛けることもある。同店の名物の一つ「花ズッキーニのフリット」は花にアンチョビーやチーズの詰め物をしてサッと揚げたもの。5~7月の旬でこの料理が目当ての来客も少なくないという。傷みやすいため、自身が畑に入り収穫させてもらっている。港北区の農家、松本こずえさんは「収穫までの期間が短縮され実が大きくなる前にとるので木も疲れない」。一方、「すぐしぼむ鮮度が命の食材。香り、味は抜群。独自のメニューが店の個性になる」と植木さん。どうやら「ウィンウィン」の関係のようだ。

「横浜市内産」という文字がメニューに並ぶときの小さな驚き。畑の農家の笑顔のせいか、なぜか胸がポッと温かくなる。地域限定、季節限定、期間限定と特別感は全開。農家とシェフが競演する味は、出掛けてからのお楽しみ。想像するより食うがやすし、地場野菜の魅力がよく分かるはずだ。

横浜の食や飲食店などの地域情報に詳しい情報誌「横浜ウォーカー」の山本篤史編集長は「スローフード、ロハス、フードマイレージ、B級グルメなど地域発の食のトレンドが出てきた。地場の農畜産物のビジネスとしての価値に、多くの人が気付き始めた。食の安全安心を求める嗜好などを背景に今後も盛り上がっていくと思う、むしろ盛り上がってほしい」と話す。

青葉区など北部の〝若い〟街には農地の多さもあってか、その萌芽を強く感じる。しかしその舞台裏の苦労は一言では語れない。直売所や畑での〝飛び込み〟交渉、スタッフ総出の野菜の泥落とし、車に常備された収穫用のハサミ、安くおいしく食べて欲しいと願っての経営努力(いずれも本書取材メモより)―。皿に盛られた華やかさとは裏腹に、土のにおいがする努力を経て、横浜に地産地食レストランが広がっている。地域に根ざした料理が、次々と生まれている。

▲松本さん(右)が育てる畑(都筑区)でズッキーニを収穫する植木さん(左)。花がしぼまないように、その場でティッシュペーパーを入れるなど扱いは繊細

▼横浜野菜たっぷりのバーニャカウダ
(ナチュラーレ・ボーノ／青葉区)

ピッツェリア ドマーニ

市内産の野菜たっぷりの日替わりならぬ〝旬〟替わりのピザ。都筑区のイタリアンレストラン「ドマーニ」の名物はそんな季節の宝箱のような1枚だ。現地のよいものを、身近なものを食卓に—。イタリアで学んだ食への心も一緒にピザに載っている。

同店を切り盛りするのは相原一さん(上)と浩二さん(下)の兄弟。ピザの本場、ナポリで修業をした本格派だ。「ピザは向こうではとても庶民的な食べ物。その土地にあるものが名物になり食卓に並ぶ」と浩二さん。ナポリは小麦の産地でもある。

地場の素材をしっかり使いこなすのは、ピザの基本の一つ。横浜ならば小麦粉はちょっと厳しいが、野菜は十分な量も種類もある。「地場産は安くておいしい。農家さんもがんばっている」と一さん。よい素材を求めてほぼ毎日、直売所に通う。

そうして生まれたのが冒頭のピザ「ノティッツィア」。秋ならナス、長ピーマン、赤オクラなど力強く。冬ならばカリフラワーやカブ、ミズナなど鮮烈に。常時10種類以上の地場野菜が盛られる。1枚のピザに横浜の旬が丸ごとトッピング。

レシピ拝見!

ドマーニのバジルソース

【材　料】(4人分)

ニンニク…7g／松の実…20g（炒ったものでもOK）／チーズ＝パルミジャーノ・レッジャーノ…15g（できれば粉状のものを）／バジル＝葉…40g／オリーブ油…80cc／塩…2g／コショウ…適量

【作り方】

❶材料と器具を冷蔵庫で冷やしておく。
＊変色を防止。

❷熱に弱いバジル以外の材料を、サラサラになるまでフードプロセッサー（ミキサーでも可）にかける。

❸バジルを加えてフードプロセッサーにかけ、大きな粒がなくなるまで破砕する。
＊バジルは熱に弱いので、できるだけ短時間で。

❹ビンに移したら空気に触れないようオリーブ油を適量加える。

★Point

ニンニクが苦手なら5gでもよい。舌触りが気になる方は薄切りにしてからフードプロセッサーに。使い回しできるように塩、コショウは少なめで。冷蔵庫で3カ月ほど保存可能。

【食べ方】

＊パスタ・ジェノベーゼ
ジャガイモやインゲンを具に。ゆで汁と合わせて調節。

＊ラザニアのソース
そのままどうぞ。

＊カプレーゼサラダ
モッツァレラチーズ、トマト、バジルの葉にかける。

＊焼魚・肉のソース
タイやスズキなど白身の魚に。香りが良いので青魚にもよく合う。

カジュアル・フレンチ

レストラン&パティスリー 木かげ茶屋

国道246号線の喧騒から一転、木の温もりが心地よいアンティーク調の店内へ。「家族や恋人と気軽に味わってほしい」と、控えめな価格に加えパスタやハンバーグもメニューに載せる。本格的なアラカルトの後は、数々のコンクールで受賞歴のあるパティシエ・土志田雅章さんの絶品スイーツを。地元のためにと考案した新作・地場産「さつま芋のプリン(294円)」はほろりと甘く、素材の味わいを残した食感が絶妙。

＊ランチ(980円～)、ディナー(2800円～)、ビーフシチュー(2200円)。パバナ(410円)は【バター·生クリームを使ったプロによる洋菓子·パンコンクール】最優秀グランプリ「農林水産大臣賞」受賞(1997年)

青葉区荏田西1-3-22　☎045(911)1337　レストラン、☎045(911)5852　パティスリー
交 東急田園都市線江田駅徒歩5分
営 レストラン11:00～22:30(L021:30)　パティスリー 10:00～21:00　休 年末年始　P 25台

フランス料理

Bistro Freund ビストロ フロイント

オープンキッチンは「顧客に合わせて調理するため」と、シェフの藤本圭さん。手作りパンとデザート担当、妻の期子さんの実家は地場野菜を生産・流通する"半農半商"串田酒店。都筑区池辺町から毎朝運ばれる旬が季節毎のポタージュ、香り立つローストに。「今まで食べてきたものと違うでしょ?」サラダ食べ放題、ハロウィン祭と月々のイベントも多彩。フランス産ワインも豊富なので気軽にソムリエに尋ねてみては。

＊ランチ(1200円～)、本日のお肉·お魚料理(1500円～)、都筑野菜のロースト ニンニクとアンチョビのソース(650円)、自家製梅酒(グラス600円)

青葉区みたけ台44-1　☎045(971)2610
交 東急田園都市線藤が丘駅徒歩12分
営 11:00～15:00(L014:00)、17:00～23:00(L022:00)　休 月曜　P 3台
＊毎週日曜日に店の前で野菜市を開催(11:00～)

レシピ拝見!

ナチュラーレ·ボーノのバーニャカウダ·ソース

【材　料】(8人分)
牛乳…250ml／ニンニク…300g／アンチョビ…100g／オリーブ油…75g(ペーストを作る分量)

【作り方】
❶ニンニクを牛乳で煮る。
＊牛乳で煮るとニンニクのにおいが軽減されクリーミーな味に。冷たい牛乳から煮てもOK。煮くずれしそうなところまで煮詰める。
❷煮立った鍋から牛乳を捨て、残ったニンニク、アンチョビ、オリーブ油をフードプロセッサー(ミキサーでも可)にかけペースト状にする。
＊具材を箸でならしてから、プロセッサーにかける。
❸②のペースト100gにつきオリーブ油100gを混ぜて鍋で温める。

★**Point**
消費期限は1週間。酸化が進み香りも落ちるためオリーブ油で表面にふたをして保存容器に入れる。

【食べ方】
ココットなどの器に入れ、季節の生野菜や加熱した野菜(キノコもお薦め)、パンにつけてどうぞ。冷めないようにロウソクでソースを温めながら食べるのもGood。バーニャカウダ専用のポット有り。

東急田園都市線　田奈駅 → ❶田奈駅前直売所（1分 100m）→ ❷JA田奈（6分 500m）→ ❸堀之内橋（13分 900m）→ ルート1 → ❹模型の由樹（10分 730m）→ ❺井上農園（1分 100m）→（6分 500m）こどもの国線　長津田駅

健脚向き
里山を楽しむなら…

ルート2　堀ノ内橋から分岐して入る → ❻桜台園芸（3分 250m）→ ❼熊の谷公園（10分 550m）→ ❽成瀬山吹緑地（13分 900m）→ ❾鈴木徹雄さんの直売所（15分 1250m）→ ❿あかね台直売所（4分 300m）→（10分 710m）こどもの国線　恩田駅

Map A　スタミナ田奈

P.40

Map B　鉄板創作料理
タイガー

改装中

Map C　田奈恵みの里直売所
四季菜館

P.41

Map D　はまぽーく、浜なし、焼き豚が人気!
中山肉店

長津田5-5-6　☎981-0134
営 10:00〜19:30　休 日曜・祝日

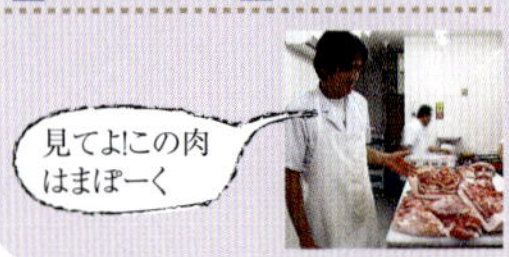

Map E　地場の卵を使った卵焼きがおいしい
白熊

長津田5-2-5　☎985-3866
営 17:30〜23:30　休 月・第3火曜

串焼き居酒屋

田奈

ルート1　所要時間 37分
　　　　歩行時間 2.83 km
ルート2　所要時間 1時間15分
　　　　歩行距離 5.46 km

田んぼとステキな住宅街

車窓から味わう田園風景と、オシャレな家が並ぶ並木道。里山に足を延ばして市境探検も田奈の醍醐味

田奈駅前直売所

JA田奈
平成24年5月オープン。蔵を改装したステキな造り!

浅山橋手前

おしゃれな家が並んでいます

こちらも風景よし

サトイモ畑を前景に反対側からの景色

こどもの国線にもぜひ乗ってみて!

熊の谷公園

あかね台いきいき健康農園 Map★

成瀬山吹緑地

市の境界線の杭が埋まっている

成瀬尾根トンネル
いざ、横浜市に突入!

こちらもステキな住宅街

夕方はライトアップされてキラキラ☆

Map ❶ 裏の畑から収穫。見晴らしGood!
田奈駅前直売所
営 昼前後～夕方　休 不定休
野菜、菊花

Map ❹ **模型の由樹**
P.37

Map ❺ 欲しい野菜がない時は畑で調達!
井上農園
営 夏期は6:00～、冬期は8:00～売りきれまで　休 不定休、年末年始
露地野菜（100～150円台中心）

Map ❻ プリムラ「ジュリアン」が横浜花き展覧会優秀賞受賞
桜台園芸
営 9:00～12:00、14:00～17:00
休 不定休、年末年始
10月末～12月初旬（パンジー、ビオラ）
5月～6月初旬（ペチュニア、ベコニア）

Map ❾ 栽培収穫体験ファームも開園
鈴木徹雄さんの直売所
営 14:00～17:00 木·日　休 不定休
野菜、イチゴ、米

Map ❿ 野菜は地場産が一番!
あかね台直売所
営 13:00～17:00（夏は変更）　水·日
休 年始、盆
野菜

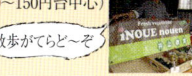

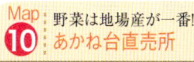

JA横浜 たまプラーザ農産物直売所「ハマッ子」

街と生きる —ハマッ子1号店—

35年間、ショウガを栽培していたが、ピシッと止めた。時代が変わっているのだから経営も変わらないといけない」。JA横浜の代表的な直売所「ハマッ子」。その1号店となるたまプラーザ店の出荷者グループ役員の石渡一郎さんは振り返る。開発による農地の移転、新住民の増加―。街の発展とともに歩む直売所の姿がある。

約40㎡の店内。入れ替わり立ち替わり客は1日に約430人。年間売り上げは1億円強。農協の直売所の年間売り上げは1㎡で数十万だが、同店は250万円を超える(※)。目を見張る盛況ぶりだ。「客層は厚い。伸びることは分かっていた」と石渡さん。

石渡さんの直売のルーツは地元農家2人とともに自主的に始めた1982年にさかのぼる。きっかけは区画整理に伴う将来的な農地の移転だった。今までの経営を見直さざるを得ず、新たな都市と農業の結びつきの〝かたち〟を模索。東京の料亭を支えていた自慢のショウガ栽培に未練はなかった。

現在、横浜市内の直売所は1千軒を超えるといわれている。有人無人、地域密着型、駐車場付きの大型店、たまプラーザのような駅近店。ビジネスモデルは多岐にわたり、それぞれが個性を誇る。駅近接のこのハマッ子1号店の歩みは、取りも直さず「たまプラーザ」という街の持つダイナミズムの反映でもある。

「JA横浜の直売所は『そこにあるものを売る』という直売のあるべき姿。各地の大型直売所が陥りがちな『売れるものを揃える』という姿勢とは一線を画している」と全国の産直事情に詳しい明治大学農学部の佐倉朗夫特任教授は言う。遠い未来は分からない。ただ、ハマッ子たまプラーザ店が今までもにぎわい続けてきたように、これからも街やその土地の人とともに直売所があることは間違いない。

福祉と農業の懸け橋に

社会福祉法人グリーン

米・麦・玄米麹―。大豆から手作りの味噌が並ぶ。収穫した小麦は乾麺に。「農薬を使わない栽培では、堆肥作りが大切。大事な仕事です」と代表・宮本和也さん。地域作業所としての船出は1993(平成5)年、現在、養護学校卒の40名が日々社会人として汗を流す。通い慣れた客の「頑張って」の声に、進んで挨拶をしたり照れた笑顔を浮かべたり…。夢の次は自給自足のレストラン。時季の野菜をはじめ梅干やおにぎりなど、手ごろな価格を楽しみながら応援したい。

青葉区すみよし台30-14　☎045(961)0305
交 東急こどもの国線こどもの国駅徒歩10分。または東急田園都市線青葉台駅から日体大行きバスで「すみよし台」下車3分。
営 9:00〜16:00　休 土・日・祝・年末年始
P 無　i 野菜・米・加工品　S ナス(8月)、里芋(11月)、ブルーベリーほか季節の果物

(※)JC総合研究所調べ

シイタケ

シメジ

ナメコ

ヤマブシダケ

タモギダケ

トキイロヒラタケ

徳江農園 キノコたちの世界

ゴンッ。床にほだ木が転がった。「衝撃で出てくる。自然だと雷や地震で一斉です。危険を感じて『早く出ないと』と思うのかな。キノコは『生き物』だよ」。青葉区でシイタケやシメジを栽培する徳江農園の徳江秀生さんは言う。

野菜として扱われることが多いが、キノコは「菌界」の住人。栽培方法もこだわりも楽しみ方も「ならでは」の世界が広がる。

植物が光合成をし成長するのに対し、キノコは自ら栄養を作れない従属的な生物。クヌギなどの原木に菌を打ち込む「原木栽培」は、古くから農家で行われてきた。一方、現在一般的な「菌床栽培」は、特製のビニルパックにおがくずやぬか、栄養分などを入れ、菌を植え付け（植菌）、施設内で育てる。温度と湿度を調整し、森林のような環境を作るため通年で出荷できる。

育ちが違えば「敵」も違う。植物なら虫が主だがキノコは雑菌。特に菌床栽培は顕著で、5、6月は全滅することも。「施設内に部外者を入れたくない」のが本音。一番大事な植菌の作業はシャットアウトし、専用の部屋に白衣・マスクで徹底管理する。仕上げは冒頭の「衝撃」だ。シイタケの菌床栽培なら植菌から収穫まで約90日。“寝る子を起こす”がごとく、ビニルパックを開けて水を掛ける。その後、1週間で一気にかさや石づきが成長する。

新鮮なキノコは、まだ「生きて」いる。もちろん野菜もそうだが、キノコには「動き」があるから面白い。例えばシイタケ。「胞子を飛ばすために、出荷後でもかさが開いていく」（徳江さん）。

シメジにナメコ、ヒラタケ、キクラゲ、ヤマブシダケ。タモギダケはチョットダケ―。色も形もとりどり、“生きた”市内の直売所のキノコたち。小さな森に見立てて“きのこ狩り”さながら楽しめる。

1

2

3

4

5

●徳江農園
キノコのほか各種野菜や果物。春は摘み取りのイチゴも。しいたけ（菌床）300円/200g、しいたけ（原木）350円/200g（季節により変更あり）

1 菌床を作る部屋は厳重な管理。室内と屋外で気圧差を作り外気の流入を防ぐ
2 おがくずや菌が入ったビニルパック
3 手前がシイタケの原木栽培。奥が菌床栽培
4 収穫を控えたシイタケの菌床と徳江さん
5 キノコのほか季節の野菜や米、古代米も販売する徳江農園直売所

こんにゃく

おもてなしの心を

もちのようにふわりとしたこんにゃくの作り手が、青葉区奈良町にいる。市民から農家まで教えを請われる一品。滋味豊かなその味からは、農家のおもてなしの心があふれている。

こんにゃくって地味だしちょっと生臭いし…。都会っ子には正直、あまりパッとしない食材かもしれない。でも三澤百合子さんが生のこんにゃく芋から作ったこんにゃくは、そんな固定観念を吹き飛ばす。

食感はかみ切るではなく「ほどける」。味は原料になる芋が里芋の仲間と感じさせるに十分な〝芋〟の味。人肌のような淡い色。スーパーのこんにゃくがやけに人工的に感じられる。

日本こんにゃく協会は「日本人は世界中で一番こんにゃくを食べる。今はいつでも食べられるように粉にし加工することが多いが、昔は生の芋から作った。もちろん、こちらの方がおいしい」と話す。

こんにゃく芋は大抵の農家で庭や畑の隅に植えられている。三澤家もそうだ。秋に掘り上げて食べる分を加工、翌年にはまた自然と芽が出てくる。本来はこんにゃくにも立派な「旬」があるのだ。正月や冬場の「ハレの日」の料理として、もてなしに使われてきた。三澤家でもお正月はもちろん、冬の「葛払い」(※)のお手伝いの人に振る舞う料理などに登場する。

三澤さんは「今家にあるもの、その時に畑でとれたものを心を込めて振る舞うのが一番でしょう」と言う。あるものとそばにいる人を大切に—。こんな農家のおもてなしの気持ちこそが、本当の味の秘密なんだろう。

※三澤家の裏山の落ち葉かき。集めた落葉は堆肥になる。

\教えて！/ 三澤さんちのなつかしの味

生芋こんにゃく

【材　料】(4～5人分)

こんにゃく芋…500g ＊エグみを消すため、収穫から2週間以上たったものを使用／湯(1.2ℓ)＊湯の分量で固さを調節／炭酸ナトリウム…小さじ1.5＋湯(65cc)

【調理器具】

木べら、流し箱(耐熱性のバット等)、手袋など

【作り方】

❶芋を適当な大きさ(一口大)に切る。

＊かゆみ対策用に手袋を使用

❷湯(70℃くらい)と芋をミキサーにかける。

❸ボウルに移し、40分くらいさます（指を差し込んでできた穴がふさがらなくなるまで）。

❹分量の湯で溶かした凝固剤(炭酸ナトリウム)を入れて一気に混ぜる。

＊芋をつぶさないように。ひとまとまりになるまでよくかき混ぜる。

❺表面をぬらした容器に流して固める。手水をつけ、こんにゃくを叩くようにして火の通りやすい厚さ3～4cm程度にならし表面を滑らかにする。

＊手水の分量は少なめに。

❻こんにゃくを揺すってみて1枚で動くようになるまで置く。

❼包丁で切れ目を入れ、沸騰した湯で20分ほど湯がく。

★Point

食べる前に、沸騰した湯で20分ほどゆでる（アク抜き）。大きなボウルに水を入れ、小さじ1の炭酸ナトリウムを溶いて漬け置きすれば1週間ほど保存できる。三澤家ではユズ味噌、さしみこんにゃく、からし・しょうが・しょうゆで味付けしたピリカラ煮などでいただくそう。

里芋

“杉崎さん”の里芋

杉崎茂雄さん(右)、
正さん(左)親子

昔から横浜で里芋と言えば田奈の長津田台。丘に畑の広がるこの土地は、煮っ転がしの温かみにも似たほのぼのとした台地だ。親から子に伝わる里芋の成長よろしく、超ベテランからベテランまで、若い世代も加わり、和気あいあいと里芋作りに励んでいる。

「地味かもしれないけど、ねっとり優しい味。豚汁にも正月にも欠かせないよね」と話すのは長津田台農業専用地区で毎年里芋を20aほど作る杉崎正さん。土にあっているのか、この地域の里芋はJA田奈の品評会でも常に入賞。「田奈の里芋」として名を馳せる。

植え付けは4月。「農薬を使わないときは夏の草取りが大変」と正さんの先輩の杉崎三千男さん。一夏かけて土の滋養を吸収する。「水がたっぷりあると大きくなる。自分が子供のころ、親父の背丈より大きくなったこともあったな」と同じく杉崎茂雄さん。秋風の吹く11月ころが収穫期だ。掘れば一抱えもある大きな塊。親芋の周りに子芋、孫芋と実るため子孫繁栄の縁起物として、田奈の素朴なお正月に欠かせない野菜として、大切にされる。

さてこの台地区のもう一つの特徴はみな同じ苗字であること。18戸中17戸が「杉崎」姓だ。分かりづらいから、マーちゃん、ミッちゃん、ショウちゃんと老いも若きもあだ名で呼び合う。幼稚園から一緒の同級生もいて、なんともほほ笑ましい。そんな杉崎さんたちはみなそろって里芋を作っている。大小さまざまな里芋が肩を並べる様子と、杉崎さんたちの関係はどこか似ている。

\教えて!/ 岡部妙子さんの歯応え満点

芋がら(干しずいき)の煮物

【材　料】(4人分)
芋がら…30g／サラダ油…大さじ1
A＝ニンジン…30g／干しシイタケ…10g／油揚げ…1/2枚(湯通しする)
B＝砂糖…大さじ4／しょうゆ…大さじ4／だし汁…1カップ(シイタケの戻し汁を使用)／本だし…小さじ1/2／酒…大さじ1／みりん…大さじ1

【作り方】
❶芋がらをボウルのぬるま湯で戻し、2.5～3cm幅に切って半日ほど水にさらす。
＊水をこまめに替えてしっかりアクを抜く。
❷戻した状態で味見し、エグみが気になったら一晩置く。
＊アク抜きを十分に。2、3日かけてもいい。
❸ニンジン、油揚げは千切り、シイタケは薄切りにしたものを3cm幅に刻む。
❹鍋にサラダ油を中火で熱し、水気をよく絞った芋がらを炒め、続けてAの材料を入れてさらに炒める。
❺火が通り、しんなりしてきたらBで調味(「さしすせそ」の順番)し、水気がなくなるまで炒める。
❻最後にみりんを加えて全体を混ぜ合わせ、水分を飛ばして出来上がり。

★Point
芋がらの水気を切ることで、味がしみやすく速く調理できる。

ハナモモが満開の保木の「桃源郷」。2011年4月7日撮影
東急バス「保木」バス停下車徒歩５分。保木農業専用地区周辺

春の夢

保木の桃源郷

保木には「桃源郷」がある。3月弥生。丘を桃や薄紅に染める花が、淡い夢のような情景を描く。

桃源郷の正体はひな祭り用に栽培されるハナモモの畑。お彼岸の菊や母の日のカーネーションなど、花は出荷が集中する時期がある。そのため、収穫直前の畑はそれは見事だ。

約３００株を育てる青葉区の黒沼昭一さんは約40年前に野菜栽培から転向した。同市保木は川崎市に近い。同市には江戸時代からの伝統の「馬絹の花桃(※)」があり、影響を受けた。例年1月末から枝を切り、室内で開花させ出荷。早ければ2月下旬に屋外でも花が開き始め、いよいよ年に一度の「保木の桃源郷」が姿を現す。

次々に出荷されるため、まさに期間限定。散歩中の市民から「切らないで」と声がかかることもあるが、この日のために農家が1年をかけた花であり、桃の節句を祝う世の女性たちのための花だ。これぱかりはどうにもならない。

（※）１９８５年度に「かながわの名産１００選」、99年度に「かわさき農産物ブランド」に選ばれている全国的なブランド

都筑で気軽にミカン狩り

都筑みかん園ながさわ／唐戸みかん園

ミカン狩りというと小田原や伊豆、横浜なら金沢区の芝など海沿いの段々畑を連想するが、なだらかな丘が続く横浜の最北部でももぎ取りができる。

都筑区牛久保町にある「都筑みかん園ながさわ」（長澤敏男園主）は、減農薬・ノーワックスで育てた温州ミカン約１３０本が自慢。「都筑みかん」と名付けて地元で人気を集め、幼稚園など団体も受け入れる。

近所には「唐戸みかん園」（唐戸和一郎園主）。こちらも温州ミカンが中心。以前は港北ニュータウンの開発需要を見込み庭木を栽培していたが、情勢も変わり約10年前にくら替え。同地区の歴史を物語る。

駅近で地元っ子にはうれしい。両園ともに、もぎたての魅力は香りのよさ。冬はいつも手元にあるミカンのように、気軽に、手軽に楽しみたい。

＊要予約

手軽さが魅力の都筑のミカンもぎ
写真は「都筑みかん園ながさわ」

＊両園ともに11月から12月末までの営業(P155、P165)。また市営地下鉄センター北駅などの朝市で直売する。

寺家

所要時間　1時間14分
歩行距離　4.985km
（バス乗車時間除く）

古きよき里山ここにあり

自然があふれる里山で谷戸と池めぐり。歩調は水車のリズム、雑木林の木漏れ日が道しるべ。お土産に野菜を買って帰ろう

東急田園都市線　青葉台駅 → 東急バス　鴨志田団地行き　寺家町循環　青30 青31 → 「鴨志田団地」 → 4.5分 300m → ❶四季の家 → 10分 670m → ❷金子農園直売所 → 8.5分 565m → ❸寺家町内会館 → 2.5分 150m → ❹金子農園 → 7.5分 500m → ❺居谷戸池 → 11分 750m → ❻水車小屋 → 7分 470m → ❼大池 → 5分 350m → ❽むじな池 → 4.5分 350m → ❾寺家ふるさとの森入口 → 4.5分 300m → ❿釣堀 → 9分 580m → 「鴨志田団地」 → 東急田園都市線　青葉台駅

寺家の谷戸田

四季の家
総合案内所
（☎962-7414）
マップ購入可

金子農園直売所

寺家町内会館
子どもが遊べる広場あり

金子農園

谷本川
鶴見川の支流

居谷戸池
わき水を貯水。池に弁天様

水車小屋
昔ながらのコットン水車

釣堀　ヘラブナ専門
寺家町848☎962-9662
6:30-17:00（4～9月）
6:30-16:00（10～3月）

寺家ふるさとの森入口
クヌギ、コナラ、ヤマザクラ生い茂る雑木林。散策を楽しもう

むじな池　趣のある桜の名所

大池
バードウォッチャーに人気のスポッ

Map ❷ 金子農園直売所
いろいろなブドウあります
寺家町118 営9:30～16:00
ブドウ（8月中旬～9月上旬）
柿（10～12月）

Map ❹ 金子農園
年間30～40種類の野菜を販売。加賀野菜、ソウメンカボチャなど珍しいものも
寺家町477 営9:00～14:00
水・金・日 休 1～2月

寺家周辺地図

Map A 大曽根園
寺家町134
ナシ（8月中旬～9月中旬）
柿（10月中旬～11月末）

Map B/B' 大和園
寺家町169 / 寺家町175
野菜（6～7月、10～11月）/ナシ（8月上旬～9月中旬）
柿（10～11月）　ブドウ（8月上旬～8月末）

Map C 大曽根利一さんの野菜直売所
直売30年。ハウスで栽培するトマト、キュウリは販売期間が長く好評。開店前から行列
寺家町20 営12:00～16:00（売りきれまで） 休 毎週火曜、8月～9月中旬、年末年始

横浜の小麦の今

田奈の小麦

5

23万トン対67万トン。これは、1年間に日本に輸入された小麦と国内で生産された小麦の比較（※1）。30万トン対12トン。では、この数字は―。

正解は横浜港に輸入された小麦の量と横浜市内で生産された小麦の量（※1）。さらにもう一つ言えば4万9000トン。これは横浜港から輸出される小麦粉の量。全国の港別では1位だ（※2）。

三大穀物に数えられ、トウモロコシに次ぐ生産量。世界の人口が70億人を超えた今、人類の食料の安定供給という観点から、最も重要な栽培植物と言っても過言ではない小麦。舞台は世界だ。それを象徴するように横浜にはアメリカやカナダから海を越えて小麦が集まり、そして分散していく。物流のあらがいがたい巨大な流れ。しかし、その激流に揉まれながらも変わらずに続く横浜の小麦がある。

市内でも生産が盛んな田奈地域（緑区・青葉区）。麦秋の6月、収穫目前の畑が黄色に染まる。春から秋の米、秋から夏の麦という米麦の二毛作は、古くは農業経営の基本だった。

「子どものころは5反（約5000㎡）作っていた。一族総出で刈り取りだから、雨が降るなんていったら、大変だよ」。同地区の杉崎章一さんは今年、40年ぶりに麦を育てた。「価格は安いが、農薬もいらない。連作で病気が出たので土によいものをと思って」。麦は肥料や夏の乾燥を防ぐ天然素材のマルチにもなるため、環境に配慮した農業にもつながる。

加工品としての広がりも大きい。杉崎さんをはじめ田奈地区では約10人が小麦を栽培するが、多くは地元の特産として力を入れる「田奈うどん」の原料になる。うどんやすいとんといった伝統的な粉食の文化は、今でも農家の暮らしに根付いている。

時代が変われば新しいニーズもある。約5年前に登場した暖地向けのパン用小麦「ユメシホウ」。パン用は国内では北海道が主なため、地元産の目に見える素材でパンを作りたいというパン職人に大きな期待を持たせている。

30万対12。くだんの数字が差し迫ることも、ましてや逆転することも相当に難しい。ただ、それがゼロになることは決してないだろうし、増えていくと期待させる要因がいくつかある。伝統、環境、意地、夢、つながり―。そんな気持ちを胸に、麦に向き合う人が大勢いる。小麦には、人を引きつける何かがある。

※1　全国および横浜港の輸出入量は財務省貿易統計の2009年度「小麦・メスリン」より。
全国および横浜市の生産量は2009年度農林水産省統計

※2　財務省貿易統計の2009年度「小麦粉」より。主な輸出先はシンガポール、香港などアジア諸国

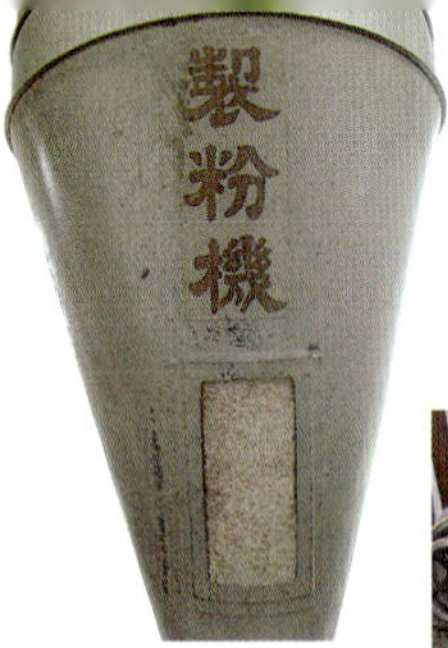

粉ひき

製粉。小麦は粉にしないと食べることができない。そのため、その過程は極めて重要だ。

製粉工業には「山工場」と「海工場」という言葉がある。「山工場」は特に小麦の産地で、主に地元の小麦を製粉してきた中小の工場のことだ。一方の「海工場」は、主に大手製粉会社による大型の製粉工場で、港に入ってきた外国産の小麦をその場で大量に粉にする。

小麦の流通市場から見た場合、主役は間違いなく「海工場」だが、地産地消となれば「山工場」の出番。ロットが少なくても機械を動かせる小回りのよさが、収穫量の少ない地場産にマッチする。ただし横浜市内には全国有数の「海工場」はあるものの、「山工場」はほとんどないよう。その中でＪＡ田奈は自前の製粉機で約30キロから製粉を受けており、まさに「山工場」として機能する。横浜の小麦の地産地消を支えている。

↑麦の投入。30キロの小麦を粉にする場合、まずは15分ほど磨く

麦踏みをする杉本幸夫さん。踏むことで背は低く太く育ち、実がなったときに簡単に倒れないようになる。また霜柱で浮いた土を固める役割も。今は効率的にローラーを使うことが多いが、杉本さんは昔ながら足踏みを続けている／保土ケ谷区

何度も押しつぶすようにして粉にし、絹の布を使ったふるいにかけて仕上げる。60～90分で完了

田奈うどん

古くから農家はそのままでは食べられない穀類などを粉にすることで上手に使ってきた。小麦もしかり。横浜での定番はやっぱり「うどん」。田奈をはじめ、横浜の地場産うどんが人気だ。

昔ながらのうどんを—。田奈の〝新名物〟が「田奈うどん」。やや褐色の地粉らしいうどんだ。2010年度は980ケース(10把入り)を製造し完売。誕生から10年、口コミで広がった。粉どころの群馬から嫁いだ女性が、昔の味を探してたどり着いたとのエピソードもある。

粉は「あやひかり」と「農林61号」のブレンド。「比率は企業秘密」とＪＡ田奈の高橋啓史さん。もう一つの秘密が製粉機。年代は定かでないが「相当古い」(高橋さん)おじいさんの製粉機だ。ゆっくり時間をかけてひくため温度が上がりにくく、風味が損なわれないそう。ほかに真似できない、まさに田奈の〝秘密兵器〟。

模型屋のうどん

緑区でプラモデルなどの模型店を営む井上征さんは自身でうどんを商品化、模型店で販売している。小麦から栽培している。農家育ちだから、昔からうどんは自分で作るものだったし、なにより好物だった。麺はふすまを多く含むため、かなり褐色が濃く硬め。自分の好みを徹底して個性的。

ハマッ子うどん

天日干しと手作業の小麦で—。保土ケ谷の丘に広がる麦畑で、100年以上小麦を作り続けているのは杉本芳男さん、幸夫さん親子だ。

コンバインや乾燥機など大型農機を持たない杉本さん。すべて手で刈り取り、天日で乾燥させる。約30a分だから大変な仕事量。化石燃料をほとんど使わない環境に優しい麦作りだ。幸夫さんは「小麦のわらが大切。焼いて肥料に混ぜたり、夏場の乾燥防止に畑に敷いたり」。循環型の農業に小麦は欠かせない。

小麦はすべて「ハマッ子うどん」に加工される。ＪＡの直売所で販売され、半年ほどで売り切る人気。やや褐色で小麦の香りがよくする。

小麦でつながるこの街 —ユメシホウプロジェクト—

ブランドは地域を豊かにし、誇れるものにする」(坂智広横浜市大教授)。小麦を軸に、新しい地域ブランドを作ろうという動きもある。旗振り役は小麦の研究で世界的な権威となった故木原均博士の業績を引き継ぐ同大学木原生物学研究所(戸塚区舞岡町)だ。「グルテン」よろしく、つなぎ役として産官学の連携を模索、切り札はくだんのパン用小麦。「ユメシホウプロジェクト」と銘打つ。

地元の麦を使った安全なパンなどの商品開発や新しい〝出会い〟でビジネス創出などを狙う。現在、農家や製粉会社、パン屋など約50の団体や個人が参加。学生の発案で作ったパンや菓子を同大生協で実験的に販売するなどしてきた。また毎年、近くの圃場で学生が小麦を育てるほか、農家に栽培をお願いして回ることもある。

専門は遺伝学という、バリバリの理系の研究者である坂教授をして、実験室を飛び出させるのもまた小麦の力。メソポタミア文明を引き合いに坂教授は言う。「小麦は人類の歴史を変えた植物。どこから麦が来たのか、どんな植物か、もっと知ってほしい。科学は今、細分化し専門的になっている。しかし本来は広い視野で関係のないものをつなげ、豊かにすることができる。他分野とつながること、それが横浜のため、地域のためになるはず」

天然酵母のカンパーニュ

〝横浜酵母〟のパン

その土地のパン。米食文化の日本人にはなかなかピンとこないが、それでも挑戦する人がいる。「パナデリア　シエスタ」（青葉区・水谷優一オーナー）が試行錯誤する小麦由来の天然酵母パン。少しずつ、少しずつ横浜に歩み寄ろうとする丁寧なパンを焼いている。

水谷さんは「大切なのは発酵。もともとパン職人は発酵を管理する人。その大本となるのが『タネ』です」と言う。同店はこのタネに横浜産の小麦を使う。天然酵母のタネは、国内では干しぶどうを使うことが多いが、本場フランスでは、小麦が多いそうだ。

「それまで別の小麦でタネを作ろうとしたが、うまくいかない。難しいと思っていたが、新鮮、ひき立ての横浜産の小麦を使い始めて、発酵力の安定したよいタネがとれた」。水谷さんはこの酵母を「横浜酵母」と呼びパンを焼く。風味との相性もありまだ一部で使うだけだが「天然酵母のカンパーニュ」は粉にも横浜産小麦をブレンド。まさに横浜の地のパンだ。

外側はガリッとした歯応え、中は柔らかくしっとり、若干の酸味。職人の意志がはっきりと出る。軽くトーストしたアツアツに、冷蔵庫から出したばかりの冷たい無塩バターを薄くスライスして載っけるだけの食べ方が、シエスタの一押しだ。

地場産の小麦をもっと使いたいという思いはあるが、価格や供給面でそう簡単ではないことも事実。それでも「その日に仕入れた飛びきりの地場野菜を具材にしたサンドイッチなんて、面白いですね」と水谷さん。こだわり続けるパン・オ・ルヴァン（自家培養酵母を使ったパン）から、菓子パンも総菜パンも食パンも、バゲットも扱える、自由度の高い日本のベーカリーに可能性を感じている。

水谷さんは修業時代のフランスで、高い技術と充実したパン食文化に圧倒されたという。しかし今は、「パンの声」（水谷さん）を聞きながら、日本らしい、横浜らしいパンの道を、小麦とともに歩いている途中なのかもしれない。

田奈の米

米を作りたい

こどもの国線の長津田―恩田間は絶好の田園風景
夏は一面緑色に（青葉区恩田町）

横浜のコメの品種はキヌヒカリ、
さとじまんが一般的

大型コンバインでコシヒカリの収穫作業をする河原さん。約20aを２時間足らずで刈り取る。「手作業のころは10人がかりで１日仕事だったよ」 地下水を使い品質にもこだわる（緑区いぶき野）

米を作り続けたい―。強い意志がある。

大消費地に近い横浜にあって、経済的なメリットで稲作を選択することはまずない。〝利益〟を求めるならば、周年で栽培ができて大型農機などの設備投資の必要がない小松菜などの野菜類を作る方がよほどよい。現在、市内の水稲の作付面積は152ha（2011年産）。田んぼは市内の全農地面積の５％に満たない。

逆境を支えるのは思い。「日本だから（日本の米の）おいしさを伝えたい」と、田奈地区で米を作る河原幸雄さんは言う。湿潤な日本の風土に最も適し、文化を育んだ主食への感謝。生物の貴重な住み家、田園景観としての安らぎに加え、大雨のときは水をためる〝池〟にもなる多様な役割。河原さんは「田んぼはどうしても維持していかなきゃいけない」と力を込める。

こうした現状に対してJA田奈は2012年度、刈り取りや田植え用の農機を使う水田の作業を請け負う組織を立ち上げた。担い手不足に一丸となり水田を守ろうという体制だ。その中心人物でもある河原さんは、現在、年１回の機会を捉えコンバインの指導に力を注いでいる。

＊

実りの９月、こどもの国線で遠足の小学生が黄金色の車窓をじっと見ていた。この田んぼが今ここにあるかけがえのなさを、彼らが知る日はきっと来る。

オープン3年、行列の大型店

JA横浜 中里農産物直売所「ハマッ子」

浜なし、ブドウ、柿―。中里ならではの"顔"が並ぶ(取材時)。「地域に愛されて育つ店に」と、店長自ら農家と直接交渉し目新しさとバランスよい仕入れを心掛ける。売り場94㎡には市内産を目当てに平日320人、休日約400人もの人が訪れ、子どもが率先してカゴに野菜を入れる光景も。横浜産黒毛和牛(P86)の販売日は開店間もなくパック詰めが残り半分になるほど。今後、農家出演のイベントも企画したいとますます意気盛んだ。

青葉区下谷本町40-2　☎045(973)2522
交 東急田園都市線藤が丘駅徒歩10分
営 9:30～17:00 通年　休 年末年始　P 50台
i 野菜・果物・肉・卵・加工品・花・牛乳
S 浜なし(8月中旬～9月中旬)、ハマッ子牛乳

＊横浜産黒毛和牛は土・日(不定期)、JA花巻との提携により岩手の有名な漬物を数種販売

地場産で地元を元気に

オーガニックマーケット マザーズ藤が丘店

農薬を使わないから味が違う。「もう、みなさん取り合いですよ」。と笑う奥村淳子店長。生産者と消費者の懸け橋となるべく畑に出向き、一緒に作付けを考える。ロスを抑え情報公開で安全性をうたうなど、環境に配慮しつつ地元農業の行く先を見つめる。昨年9月オープンの「注文の多い珈琲店」では購入商品をイートインできると好評。毎年11月には「秋のめぐみ感謝祭」、つきたての餅が味わえる恒例イベントも。

青葉区藤が丘2-5　☎0120(935)034
交 東急田園都市線藤が丘駅すぐ
営 10:00～20:00 通年
休 年末年始
P 34台(藤が丘ショッピングセンター第1・第2駐車場)
i 野菜・加工品・米・無添加化粧品
S 茎ブロッコリー(12月)、味美菜(小松菜+青梗菜)通年

旬ある暮らしに貢献

はやし農園直売所

「お客さんがほしいものをすぐ、畑に取りに行ってあげたい」。収量偏重の農業と距離を置き、18年の研修を経て新規参入した林英史さん。いまや八百屋や飲食店にも卸す実力派は、昔ながらの農法で"かつての味"を地粉のうどんやラッカセイ、サツマイモに追い求める。定評の米(うるち白米、玄米、もち米、黒米)は予約で完売。宅配可だが、畑の掲示板を頼りに、自然に思いを巡らせるひとときを探しに行こう。

青葉区さつきが丘37-5　☎090-9102-5538
交 JR横浜線十日市場駅徒歩15分。または横浜市営バス「さつきが丘」バス停下車徒歩1分
営 昼時～夕方　通年(土曜日)
休 不定休(田植え・稲刈りの時期・真冬)　P なし
i 野菜・米・地粉うどん　S トウモロコシ(7月)、ラッカセイ(9～10月)、サツマイモ(10月)

創作・野菜料理

スタミナ田奈

ここでしか味わえない田奈産小麦のうどん(P37)は、コシも風味もしっかりあるが味はさっぱり系。旬の地場野菜を彩りよく、はまぽーくをのせたらスタミナ満点! 名物田奈うどんの出来上がり。「人との繋がりを大事にしたい」と話す店主・橋本昇さんは「田奈ベーゴマ倶楽部」も主催。創業40年余、地元農家や商店、JA田奈も食材の調達に協力を買って出る。先々代からの客も訪れる、どっしりと郷土に根ざした店だ。

＊スタミナ田奈うどん(880円)、焼きたて厚焼き玉子(600円)、ギョウザ(500円)、ふぐ料理コース(4980円～※予約制)

青葉区田奈町15-1　☎045(983)4573
交 東急田園都市線田奈駅徒歩1分
営 17:00～23:00
休 日曜(事前の予約があれば営業可)

彩りの新交流拠点

JA田奈の古い蔵が少しずつ、少しずつ動く。行き先は、2012年春にオープンする田奈恵みの里「新交流拠点〝四季菜館〟」の予定地。かつて農家の財産を守った蔵が75年の時を経て、直売所に姿を変える。

曳家の様子。ジャッキアップし1日に40cm程度ずつ移動させる

「この蔵は田奈のシンボル。絶対に残したい、そう思っていた」とＪＡ田奈（井上英雄組合長）の田中博専務は力を込める。蔵は昭和12（1937）年に建てられた農業用の倉庫。組合員が米や麦を蓄え、値のよいときに市場に出すことで収入を安定させる。農家にとって最も大切な農産物を預かる。この蔵を「曳家《ひきや》」※し、再利用する。

柱に残る無数の傷が蔵の歴史を物語る

新交流拠点は直売所と総菜や菓子を作る加工室、体験教室用の実習室を備え、農家と農家の結びつきだけでなく市民との距離を縮める場所を目指す。田奈の活性化を考え熱望されてきた施設だ。「古きよき伝統が残る地域。そのよさを今に生かし、何かできないかと考えたとき、あの蔵があった」と同ＪＡの下山和洋常務は話す。

柱の一部はシロアリに食われ、大々的に耐震補強を施した。塗装も塗り直した。曳家中に東日本大震災に遭遇したが、けが人の1人も出ず、ひび一つ入らなかった。

目下、ＪＡ田奈ではこの新拠点に見合う新名物を開発中だ。農家も職員も、ああしよう、こうしようと楽しい議論は尽きない。そんな田奈の挑戦を、古くて新しいこの蔵はこれまでと変わらず見守っている。

※建物を解体せずにそのまま移動させること。

●田奈恵みの里 ～味噌樽を持っていらっしゃい～

田奈地区（青葉区と緑区の一部）で生産された野菜や果物、地場産小麦で作ったうどん等に表示。スーパーの地場野菜コーナーや直売所、田奈農協で購入できる。一般公募で選ばれたマークは、市民と農の交流による笑顔と大地の恵みの豊かさを表す。

田奈恵みの里

味噌樽持参の参加者もいるという田奈恵みの里の味噌造り教室。農家に伝わる手業を学べるとあって一番人気だ。

ここはお母ちゃんたちの腕の見せどころだ。約1カ月前から発酵の大本となる米麹を仕込む。味噌造りで一番大切な下ごしらえ。3日間かけて蒸し上げ、発酵、切り返しなど順を追って行われる。納豆菌が大敵なので、「納豆絶ち」をして臨む人もいるそうだ。

教室は例年2月。原料となる田奈産の大豆を大釜でゆで、塩や麹を混ぜてつぶし、樽に漬け込むまでを1日で行う。一番寒い時期だが、「アメ」と呼ばれる大豆のゆで汁をみんなで飲み温まる。体のしんからほっこりするその味は、参加者だけのお楽しみだ。

恵みの里で味噌造りが体験できるのは田奈だけ。市外からも応募があり、いつも満員御礼だそう。作業の楽しさと出来上がりの満足感はリピーターが多いことが一番の証明。ただし市販の味噌がまずく感じられてしまうので、その点だけはご注意を。

最高品質 絶対の「白」

市場でその名を尋ねれば「品質は最高」と関係者が一様に口をそろえる。横浜市の最北にある小さな産地で作られる白い野菜。消費と流行の波にもまれながらも、今に続けてきた一番の武器でありこだわりは、雪と見まごう、その白さだ。

ポキッ、ポキッと大きな葉が1枚、また1枚と折られていく。〝おまじない〟ではない。「日傘」作りだ。傘のうちにある美白の令嬢の名は、カリフラワー。生まれは高田だ。「日に当たり黄色味がかるとCランク。価格は半分以下」と高田洋菜組合の藤田起身夫組合長。畑を歩き回るため畝(うね)を広く取る必要があり(面積あたりの収量が減る)、個別の成長に合わせて作業するから、大変な手間だ。

カリフラワーの横にはいつも同じキャベツの仲間から品種改良された〝兄妹〟であり、形も食べ方も似たブロッコリーがいた。1980年代に緑黄色野菜として人気が出ると、多くの農家が育て始めた。割高感のあるカリフラワーは時代の流れの中で、なんとなくマイナーな野菜になってしまった。

ブロッコリーへの転換の波は高田にも押し寄せたが、当時の組合長は断固とした態度で譲らなかったという。その判断を藤田組合長は「私たちはカリフラワーを作り続ける。品質も守る。だからきちんと買ってほしいという市場への意思表示。あの決断がなければ今はない」と振り返る。

しかしそれは、〝いばらの道〟でもあった。ブロッコリーなら日に当たっても品質に影響はなく、葉を折る手間はない。また白は、服と同じでわずかな汚れもシミも分かってしまうため、抜き打ちテストなどで仲間内の品質管理も徹底した。そのこだわりが純度を増した白さを生んだ。

その結果に市場は賛辞を惜しまない。「福岡、愛知、長野…、全国の産地を見ているが高田が一番」(横浜丸中青果・若林由彰さん)。「色、ボリューム、申し分ない。小売りからホテルまで人気」(藤代商店・中野徹洋常務取締役)。規格の厳しさから「高田のBはよそのA」という価値観さえある。

栽培の難しさ、高齢化や農業の多様化などで最盛期に20人以上いた同組合員も半分以下に。量は減ったが、技術の高さを生かし栽培しづらい春作もしっかり供給するなど長期間出すことで存在感を見せる。

「高田なら…」。そんな言い回しを絶対的な信頼を寄せてプロたちが使う。人もまた「あなたなら」と言われるようであれと、純白のカリフラワーは語りかけているような気がしてならない。

品質のよいＡ品(右)とＣ品(左)。Ｃ品は一部が黄緑がかっている。同組合のＡ品率は非常に高く取材時(10月)は９割に達していた。Ｃ品は色の比較用に出荷しないものをお願いしたが、探すのが大変だった

「日傘」に隠れたカリフラワーを確認する藤田さん

カリフラワーは雨の日や西日など光の加減で白さが確認しづらい。選別・箱詰め作業ができる日時が限られる

全国キャベツリレー、“団体戦”で臨む

横浜市内で最も生産されている野菜、キャベツ。開港期に全国に先駆けて横浜で栽培が根付いた。横浜の看板ともいえる野菜だが、今、その現場は激烈。産地間競争の真っただ中にいる。

横浜のキャベツ収穫量は1万２９４０トンで全国約１８００市町村中第9位。上から群馬・嬬恋村、愛知・田原市、銚子市、豊橋市、三浦市、岩手・岩手町、横須賀市、兵庫・南あわじ市（※1）。県内の雄、三浦と横須賀、そして東の横綱、嬬恋と競合する。虎と狼に挟まれた横浜。産地として生き残ってきたのには理由がある。キャベツが通年で店頭に並ぶのは最適な生育環境を追って産地をリレーしているため。冬と春先は霜の降りづらい太平洋沿岸、夏場は涼しい高地という構図がある。東日本なら1〜4月は三浦と銚子の春キャベツ、7〜9月は群馬や長野の高原キャベツだ。一方、横浜のキャベツは春が5〜6月で秋が10〜12月。つまり大産地が出荷しない時期を狙い作付けしている。

勝負は団体戦だ。「横浜キャベツ」のブランド名で、神奈川区、保土ケ谷区、泉区の農家を中心に共同販売（※2）する。約90人がおり、農薬の使用履歴などを全員に義務付けている。神奈川区のキャベツ農家、鈴木賢紀さんは「横浜は畑と消費者が近い。お客さんがいつも見ているという意識を強く持っている」と話す。安心、安全面での付加価値を付け、市場で渡り合う。

一方、予期せぬ事態もある。嬬恋村農林振興課によると「嬬恋は年1作だったが、最近は年2作の農家も。10月末まで出荷する」。温暖化や技術面での進歩で大産地の出荷時期が延びている。県内でも三浦のキャベツは5月に食い込み、横浜産と一部競合する。また作付け時期がかぶる茨城では白菜の需要の低迷からキャベツに切り替えるケースもある。最近は1ケース４００円程度が多いというが、市場でだぶつけば２００円台も。「重たいし箱代も出ない」と嘆き節は聞こえるが、それ以上に「産地としてあり続けたい」「このブランドを残したい」という思いを、多くの農家が口にする。

開港から１５２年。横浜のキャベツはこの街とほぼ同い年だ。お互い苦楽をともにしてきた親友みたいなもの。そのがんばりはこの街に暮らす私たちにいつまでも元気を与えてくれるに違いない。

※1　２００９（平成21）年農林水産省作物統計
※2　メンバーが同じ品種、規格（大きさなど）、段ボールで出荷し、一人一人に入る金額を揃える。主な出荷先は市内をはじめ東京（大田市場）、川崎、小田原など

横浜のキャベツ栽培では長い伝統がある神奈川区のキャベツ。共販に出荷する鈴木賢紀さん。「旬の時期は家族で毎日食べる」

キャベツ苗を育てる藤巻芳明さん（保土ケ谷区峰沢町）

品種で追っかけろ

同じ「キャベツ」の名前で店頭に並ぶが、季節ごとに品種が違うことはあまり知られていない。横浜キャベツの場合、現在のところ春は「金系201号」「初恋」「中早生二号」「中早生三号」「YRあおば」の５種。秋は「しずはま１号」「いろどり」「藍天」「YRかぎろひ」の４種。寒さや暑さに対する強さなどで使い分けている。

味ももちろん違う。春のキャベツは柔らかくてみずみずしいからサラダ向き。一方、11月ごろの品種は病気に強いが、柔らかさなど生の食味では劣る。ただ「葉は硬めだけどロールキャベツにはいいよ」（鈴木賢紀さん）。同じ産地のキャベツを、オールシーズン食べ通してみるのも面白いかも。

定殖したばかりのキャベツ／神奈川区

キャベツワイン

ワイン 飲む前から楽しい

「キャベツでワインができると聞いて、本当？という気持ちですよ」。生産者の藤巻芳明さん（保土ケ谷区）も驚く「横浜で採れたキャベツのワイン」。神奈川区、保土ケ谷区のキャベツを原料に使っている。

横浜国大と地元企業、農家が協力。販売などを手掛ける㈱イズミックの高橋芳郎支店長は「キャベツに合うブドウを探すのが大変だった」。1000リットルに約100キロの千切りを漬け込む。赤はコクがある肉料理に合う。白は果実に似た香りと甘みがあるが、これがキャベツの〝エキス〟なのかもしれない。

「面白いね、どんな味？」と会話も弾みそう。飲む前からなんだか楽しくなるそんなワインだ。

問 ㈱イズミック横浜支店☎045（337）0574

「株間」は語る

キャベツは小松菜やほうれん草、大根のように、収穫する畑に直接種をまくわけではない。別の畑に種をまき、約30日間、育ててから（育苗）、移植する。

頭を悩ますのは、苗をどれぐらいの間隔で植えるか。ある農家は「うちは１反（約1000㎡）で5000本。多く収穫したいけど、植えすぎると風通しが悪くなったりで病気が増える。昔、6000本以上植えたが、出来が悪かったね」。

おおむね4000～5500本ぐらいというが、春作と秋作で本数も変わる。土地の適性もある。さらにどれくらい収穫したいのかという農家の事情も加わり“ベストな数字”はケースバイケースだ。

行間ならぬ「株間《かぶま》」を読めば、キャベツ畑がもっと楽しくなる。

神奈川大学訪問記

いつだって学生の味方

今も昔も貧乏学生を助けてきたのがキャベツ。「学生の場合、真っ先に食費が削られる。いいものを安く提供したい。おいしいものをおいしいと感じてほしい」と神大生協の小坂直也食堂部店長。〝学食のおじさん〟は頭をひねる。そして2年前から地元農家のキャベツを積極的にメニューに取り入れている。

定番は一皿60円の塩ダレキャベツ（写真）。１日３００皿が売れる人気商品だ。ほかにも鶏とキャベツのクリーム煮、ポークキャベツ丼など主食となるメニューも。「時季ごとに最高のキャベツが入荷されます」と小坂さん。大学側からの信頼に応えるように、生産者も「生協に訪れ、（自分が）作った野菜の味を確かめているんです」

食堂「カルフール」
＊通常営業時間
平日８:15～19:45
土　10:30～15:00

キャベツを切る矢吹さん。上部はおもに鉄板焼き、お好み焼きは甘みが出る下部を使うそう

鮮度抜群の河原農園のキャベツで作るお好み焼き。「粉もの」あらため「キャベツもの」と呼びたい

キャベツ　食べる料理

お好み焼き

千切りのキャベツが手からぱらりと落ちる。「手への付き具合で水分が分かる。季節で大きく違うし、夕方5時と夜11時でも違う」。手を通じたキャベツとの会話。その声に耳を傾けるのは保土ケ谷区のお好み焼き店「ならび矢」店主の矢吹陽一さんだ。「お好み焼きはキャベツを食べる料理」と言う。

春夏キャベツと秋冬キャベツでは使える量が３倍近く違う。春は柔らかく冬は固め。同じように調理すれば生地の緩さ、焼き加減、出来上がりが全く違う。同じ味を保つのがプロの技。「素材の水分は変えられないから、粉の量で調節する。毎回レシピが違う」

キャベツを切るのが下ごしらえの要だ。「主脈は硬いが熱を通すと甘く、うま味が出る。直角に刃をあて繊維を切らないと口の中に残る。切り方ひとつで食感が変わる。キャベツが生きるか死ぬかが決まる」

師匠に教わった手順や味の「理由」に自ら納得するように仕事を続けてきた。混ぜて鉄板に載せるまでの時間、大阪風と広島風のキャベツの切り方、タレの甘さ加減──。どれもそれを選択した意図がある。「100回繰り返す中で1回ぐらい『こっちのがよくね？』というのが出てくる。それを積み重ねて作ったのが自分の味」

その矢吹さんが信頼するのが地場産だ。修業時代も菅田産を使っていたが、今も横浜でキャベツが収穫できる5月頃は近くの河原農園直売所から仕入れる。前日にメールでオーダーするから鮮度は抜群だ。10年前の独立時、オープンしたての同直売所に紹介もアポもなく訪れ交渉。「野菜へのこだわり」でつながる若い経営者が互いに共感、以来の付き合いだ。今ではトマトを使ったピザ風やトウモロコシ入りなど創作お好み焼きも。農家とコラボの地場産お好み焼きが楽しめる。

さて、お味の方は…。いまさら書く必要もないけど一つだけ。5月の横浜産キャベツのお好み焼きは「柔らかくて水分が多い。（取れる量が少なく）コストがかかるが、ふんわりして味は最高」

学食とキャベツ、そして農家はいつでも学生の味方。青年よ、安心して勉学に励め！　なお、生協の利用は学生でなくてもOK。

塩ダレキャベツ

【材料】（4人分）
キャベツ…1/2個＝約180g
ごま油…小さじ1
天日塩…10g
粗びきコショウ…適量
すりおろしニンニク…小さじ1
温かいだし汁…100cc

【作り方】
だし汁に調味料を混ぜ、1/8のくし形に切ったキャベツにまわしかける。

★Point
酸味がほしければレモン汁を少々。少量ならキャベツをざく切りにし、タレで和えてもOK。ぜひ新鮮なキャベツで。

種野菜

「破格」の味わい

パースニップ　黄色ニンジン　紫ニンジン

セニョリータ（パプリカ）　バターナッツ（カボチャ）　摘果メロン　赤オクラ　白ナス　アップルグリーン　ゼブラナス　黄色サツマイモ　バナナ

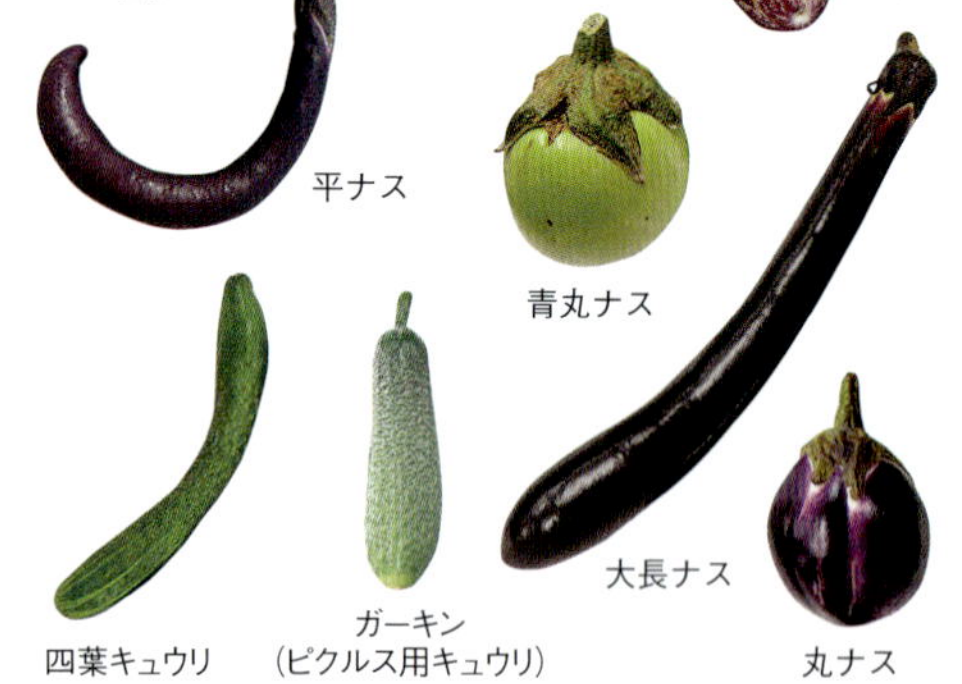

平ナス　青丸ナス　四葉キュウリ　ガーキン（ピクルス用キュウリ）　大長ナス　丸ナス

多品種に挑戦する小金井さん。写真はエバーグリーン（トマト）

シマウマ模様のトマトとナス、ビーツにガーキンにバターナッツ？　ベストセラー本「野菜の便利帳」（高橋書店）の中で見掛けるような野菜と横浜の直売所で出会うことがよくある。味も食べ方も分からないけど、見ているだけでワクワクする。横浜はそんな〝変わり種〟野菜の宝庫だ。

松本勝彦さん（港北区小机町）は3年前から熱帯の果実「ドラゴンフルーツ」の栽培に取り組む。ハウスの一角に約300本。半分はホテルのレストランに、半分は直売用だ。「『輸入していたが地場産があるならぜひ使いたい』など、横浜は飲食店が多く、需要がある」という。これまでもホテル用に西洋野菜を数多く栽培。卸販売業者と二人三脚で販路を開拓し、今では厨房からの声に応えて作付けすることもある。

小金井幸雄さん（同区小机町）は、飲食店に加え自身の直売所「フレッシュビーンズ」を充実させる。炒めるととろりとした食感が出るナス「アップルグリーン」など、これまで150品種以上に挑戦。都心では高級青果店でしか扱わないような品種もあるが「珍しいものでも定番の野菜と同じ価格で売りたい」という。「見て、見て！　このかわいいトマト」なんて楽しげな会話が、家庭の食卓にのぼるのが目に浮かぶよう。

変わり

満月に咲く花

「ドラゴンフルーツは満月の夜に咲くことが多いよ」と松本さん。受粉作業は夜。月明かりに照らされながら、一つずつ懐中電灯で確認していく。白く大きな花はそれは見事だそう

浜なしがおいしいのと同じ理由で、もぎたての完熟ドラゴンフルーツには鮮烈な甘みがある。柔らかく滑らかな食感も新しい

オレンジと紫のカリフラワー

ロマネスコ

日野菜カブ

紅化粧

カイラン

スイスチャード

黒ダイコン

プチヴェール

紅菜苔

黒キャベツ

ラディッシュ・ウオーターメロン

赤カブ

そもそも変わり種野菜の多くは西洋野菜。種は海外から手に入れるが、気候は大きく違う。国内での栽培方法が確立されていないほか、使用できる農薬がないケースも。生育の管理も難しく、育っても「大量になり収穫し切れず畑で実が割れた」（小金井さん）など栽培リスクは大きい。それでも育てるのは、差別化という農家としての経営判断と栽培家としての好奇心と充足感。「新しいことに挑戦したい」（松本さん、小金井さん）という気持ちだ。

松本さんは販売先のシェフに招かれて自分の野菜を食べた瞬間が忘れられない。「きれいだった。本当にうちの野菜、と思ったよ」。小金井さんは言う。「おいしいから食べたいという人もいるなら、『面白い』から食べたいという人もいるはず。野菜もいろいろあっていいのでは」。

多様な販路、そして「目新しさ」を受け入れる都市の空気。これらの野菜は、そんな横浜の〝土〟で成長しているのかもしれない。振り返れば約150年前、開国期の横浜では日本初の西洋野菜が数多く作られた。そのうちのいくつかが今日の定番になったように、いつかこれらの野菜が〝変わり種〟と呼ばれなくなる日がくるのかもしれない。

※野菜の名前は直売所の表示をそのまま使用しています

「春の七草」全部言えるかな？左下段から時計回りに●、●、●、●、●、●、●（答えはこの本のどこかにあるよ！）

七草

7日遅れの正月

正月が大忙しなのは神社だけではない。七草がゆの七草を出荷する農家もそう。1月7日という年に一度のその日に向けて、クリスマスも大晦日も正月もない舞台裏がある。

女たちはもくもくとナズナをより分け、男たちは畑から収穫したカブをせっせと洗う。作業中の移動は駆け足だ。親戚の手伝いはもちろん、高校生や大学生のアルバイトは総数約300人。計35万パックを作る。1月7日を過ぎれば商品価値はなく、作り置きできないため作業は〝超〟短期集中。七草を栽培するグループ「七草研究会」(加藤辰彦代表)で毎年繰り返される風景だ。加藤さんは「7日が過ぎないと正月はこないよ」と笑う。1年の邪気を払い万病を退けるとされる七草がゆ。かつては田んぼのあぜ道などで摘んだものだが、今はスーパーでパック詰めされたセットを買うのが一般的だろう。横浜はパック詰め七草の全国の先駆けの一つでもある。

七草ゆえ、の苦労は多々ある。元々、野草のため栽培方法が分からず、自生している草から種を採った。連作障害も出やすいという。特に気をもむのが人集めだ。募集は12月25日から1月5日。立ち仕事で荷物運びもあるため若者の方がよいが、家族や恋人と過ごしたい特別な時期。人件費は総コストの半分に達し、そう時給を上げることもできない。

とは言え作業の現場はとても楽しそう。高校1年生から始めて連続9回目の女性は「土や野菜に触れて面白い。1年に1回だけここで会う人もいて楽しみ」。リピーターや家族の紹介が多いそうだ。現在、同研究会は3戸。全盛期の半分だが出荷数は変わらない。加藤さんは「数ある祭事の中で食べられるのは七草ぐらい。残していきたいね」と話している。

▲移動はダッシュ。日程が差し迫ると大忙しだ(2012年1月4日)

和風 カジュアル・フレンチ

れすとらん　さいとう

「食を通して地域と結ばれたい」。斉藤良治シェフは昨秋、横浜の食材で競う第2回「濱の鉄人コンテスト」を紫芋と紅あずまのニョッキ、はまぽーく料理で勝ち抜いた。“おいしさは旬から生まれるんだ”と、行き着いた「地産・地食」は調味料のしょうゆやハチミツにおよび、味噌などを隠し味に日本人好みのアレンジで提供する。メニュー作りで困ったら畑に直行、野菜に相談するという。前菜「横浜野菜のパレットサラダ」(写真)から始まる“愛情のひと手間”を惜しまない一皿に、メーンへの期待が膨らむ。子ども連れも大歓迎のアットホームな街かどフレンチだ。

＊ランチ（1785円～）・キッズランチ（1260円）、ディナー（2940円～）・キッズディナー（1575円）※コース料理のみ

港北区菊名6-13-41　☎045（434）1761
交 東急東横線・JR横浜線菊名駅下車（東口）徒歩5分
営 11:30～14:30（LO14:00）、18:00～22:00（LO20:30）
休 月・第2日曜
＊親子で参加する「食農料理教室」を開催（毎年夏）

知って得する！
斉藤シェフの「ドレッシング」

［基本編］＋［応用編3］
【材料】グレープシードオイル（300ml）／米酢（100ml）／塩（7～10g）／白コショウ（適量）／ハチミツ（少々）
応用編1▶ゆずはちみつドレッシング【材料】［基本編］＋ユズ果汁（100ml）／米酢（50ml）に減らす　応用編2▶黄白ドレッシング【材料】［基本編］のオイルを黄白ゴマ油（岩井のごま油）／米酢を白ワインビネガーに変更　応用編3▶お肉のドレッシング【材料】［基本編］の米酢を赤ワインビネガーに変更
【作り方】材料をよく混ぜる。

「エコサイズ」あります

フレッシュベジタブル

時代のニーズに合った客の声が届くから、冷蔵庫に入れやすい小玉スイカ（赤）、芽キャベツも作る。午前収穫の野菜を午後から売り出す超ド級の新鮮さ、トウモロコシや枝豆、長芋など売れ筋ラインナップも呼び水に。近隣のレストラン用に葉付きニンジンやズッキーニ、イタリアントマトも栽培。直売所裏の田んぼで作った1トンもの米は年内完売。特にもち米が人気で、正月の餅つき需要に欠かせないそうだ。

港北区新羽町2516
☎045（541）0592（18:00~21:00頃）
交 市営地下鉄新羽駅徒歩20分　営 14:00～18:00（5～8月）14:00～17:00（11～1月）月・水・金　P 3台　i 野菜・米・果物　S トウモロコシ（7～8月）、トマト（5～6月）、枝豆（6～7月）、芽キャベツ（11月頃）、長芋（11月）

最高の状態で野菜ゲット！

菅田農園直売所

連日詣での客には「新鮮第一。食べきってから次を買ってよ」と勧める。神奈川区の代表選手・キャベツはもちろん、取材時（11月）の人気モノはほうれん草とサトイモ。続く大根も地域の“顔”だ。ここ一番を見極め収穫するトマトは味の差が歴然で、鮮度・熟度に注目した東京からのリピーターも。タイミングが合えば直売所脇の作業場で、今、収穫したばかりの野菜が購入できる。店に商品が残っていてもぜひ声をかけてみて。

神奈川区菅田町922　☎045（472）1955
交 横浜駅より横浜市営バス326、36系統「道路碑前」バス停下車すぐ　営 9:00～16:00 通年
P 3、4台　i 野菜・果物（時季により柿など）
S トマト（春先）、ズッキーニ（春）、キャベツ（5～6月、10～12月）

土地と結ぶ絆

春はウグイス、夏はトンボと遊んだ後の木陰の風が涼しく、秋は谷戸田の金色の海原、冬は白い息と温かいけんちん汁――。横浜の都心部から電車で30分程度の場所に、地産地消が当たり前だったころの、横浜の〝原風景〟がある。

「本当にここ、横浜?」。「恵みの里」の小麦作り体験で訪れた若い親子連れの声が、雑木林に吸い込まれる。どこを見回しても高層マンションは見えない。街の雑踏も、ない。十日市場駅から住宅地を縫うように進んで15分。新治の森で、毎週繰り返される一幕だ。

「新治は丹沢、箱根に続き希少な植物が見られる」と県立生命の星・地球博物館(小田原市)の勝山輝男学芸員は言う。豊かな生物多様性は谷戸と農家の暮らしの賜物。「農家が里山の木を切り森を明るくし、田んぼに水をため米作りに励むことで色々な環境が生まれた。そこで多様な動植物が育つ」と勝山さんは続ける。薪や炭で野菜を煮炊きし、土地の米を食べ、里草地に咲く花を祖先に供える暮らしそのものが、新治を豊かにした。それはまさに、食べ物からエネルギーまで、大地の恵みに根差した暮らしだった。

開発の波が迫った１９６０年代、「小さいときに植えたスギを切られたくない」と反対した大地主もいた。「昔みたいに薪を取るわけじゃないけど、おらが畑を続ければ、この景色は残んべ」と、農家の仲丸平八さんは今も畑に立つ。新鮮な野菜だけではない、農家からの贈り物。味わうのは舌ではなくて〝全身〟だ。

旧奥津邸の縁側で、深呼吸して歩き出そう。せせらぎに沿って行く先の、谷戸田で案山子にご挨拶。油窪には竹林の風、一面のシダも見逃せない。山の小道で疲れたら、クヌギの木陰でひと休み。軽トラと追いかけっこして、長屋門朝市で自慢の野菜を買って行こう。恩田川沿いに続く田の先に、水の枯れない「神の田」がある。

「癒やし」を得ようと多くの人々が、遠くのどこかに求める、濃密な時間の流れと空気が新治にある。市内外から３００人以上のボランティアが集まり、間伐や田植えに精を出し、川を掃除し、草を刈る。「時代の流れに乗り遅れちゃったからよぉ」と農家は笑う。ただ、ここが本当に時代遅れかどうかは、訪れてみた人だけが分かることかもしれない。

ただし、ポケットにはたっぷりの「センス　オブ　ワンダー」を詰めてね。

酒の肴が自慢の地酒&焼酎ダイニングバー

猫舌亭 Map A

地場野菜がたっぷり

十日市場町872-1
☎985-0904
営11:30～14:00
17:30～24:00
休日曜

十日市場の人気店。具だくさんのおでん盛り合わせ(780円)で身も心もほっこり

Map B
野菜、加工品の直売所
野彩家 佐藤農園
十日市場町819-10
P.57

Map C
横浜産野菜を扱う中華料理店
海鮮酒家 海陽飯店
十日市場町822-17
P.59

Map D
マイタケ、シロマイタケ、シイタケが自慢。おつかいものに人気。要予約
きのこハウスひらもと
新治町1235 営10:00～18:00
P.58

Map E
口コミで人気が広がっている直売所。販売場所は家の中の土間
直売所ヤマカ
新治町691 営9:30～売りきれまで
火・土(時期により異なる)
P.56

Map F
豊富な朝どり野菜とレンゲ米
岩澤孝志さんの直売所
新治町114-1 営14:00～17:00
(夏～19:00)月・水・土

Map G
朝どりにこだわるから雨天休業!とれたての新米があるときも!
土志田武さんの直売所
新治町108-1 営9:30～13:00

十日市場

所要時間　1時間17分
歩行距離　5.14km

五感が喜ぶ横浜の原風景

鳥の声と森の緑に誘われて歩き始める十日市場。用水路に浮かべた木の葉を追って、小枝をふって。大人も子供になれる道

- JR横浜線　十日市場駅
- → 14分 950m
- ❶ 1つ目のビューポイント
- → 4.5分 300m
- ❷ 谷戸田(旭谷戸)
- → 8分 520m
- ❸ にいはる里山交流センター
- → 5分 330m
- ❹ 一本橋と一本橋めだか広場
- → 13分 840m
- ❺ 圓光寺(えんこうじ)
- → 0.5分 50m
- ❻ 2つ目のビューポイント
- → 22分 1450m
- ❼ 八十橋から駅までの散歩道
- → 10分 700m
- JR横浜線　十日市場駅

スタート!

駅前商店街
ゆるやかな上り坂

十日市場ヒルタウン案内図

1つ目のビューポイント
ここが時の境界線

谷戸田
谷戸田は新治のシンボル。100人を超えるボランティアが水田を守る

一本橋と一本橋めだか広場
草木に囲まれた子どもたちの遊び場

新治小学校

にいはる里山交流センター

梅田川遊歩道

圓光寺

木陰でひと休み

2つ目のビューポイント
農作業を見やりつつ…

八十橋から駅までの散歩道
十日市場の田園風景

●新治恵みの里

もう一歩、横浜の農に踏み込みたいなら「恵みの里」はうってつけの場所。横浜市の事業で新治、都岡、田奈の計3カ所が指定されている。農家の保存食や伝統行事といった体験教室が行われ、米や小麦の栽培、もちやうどんの作り方も学べる。

「まだ食べるの?」。何度もおかわりする子供たちに驚く両親の顔も何だか嬉しそう。「新治恵みの里」の米づくり教室の最後は新米のかまど炊きだ。育つ姿を知って初めて楽しむ米の味。やってみないと分からないことに気づくのが体験教室の魅力だ。講師役は地元の農家。例えば麦作りの「小麦踏み」では、踏むのをためらう参加者に「強くなり収量も増える」と解説する。その意味を6月の収穫で実感する。

高齢化が進み、畑を耕作しきれない農家も増えており、畑を活用することはそのまま、農地を守ることになる。畑や田んぼを未来に残すお手伝い。汗をかき、季節ならではの体験をする休日が横浜の農を生き生きさせる(そして次の日は、自分が少し生き生きしているかもしれない)。

新治恵みの里

◀新治恵みの里の活動を知ってもらおうと、一般公募から生まれた「ベジはる君」。サラダボールのモチーフにたっぷり詰まった新治産の野菜たち。「にいはる長屋門朝市」やPRイベントで活躍中！

直売所ヤマカ

ガラガラと農家の引き戸を開けると、朝取りにこだわった野菜が土間に並んでいる。「こんにちは」と「いらっしゃい」で始まるのは買い物だけでなく〝世間話〟。野菜のあれこれやおいしい食べ方など、売り手と買い手のコミュニケーションは直売所ならではの楽しみだ。加藤満子さん、娘の真理子さん、登喜子さんが切り盛りする直売所ヤマカは、まるで農家に遊びに来たような雰囲気。野菜を向こうに、座敷で家族がくつろいでいたり、奥で食事をしていたり。入った瞬間に〝ほっこり〟する。常連さんのお目当ては、野菜だけでなく加藤さん親子の気さくなお話と野菜の食べ方。例えばけんちん汁なんていかが—。

作り方は簡単。ゴボウとニンジンは必ずささがきに。見た目もきれいで味がよくしみるから。ちょっとしたコツだけど、乾いてパサつくので水切りしないで。サトイモから出るねばりが野菜全体にからむまでよく炒めてね。水を分けて加えることでサトイモのぬめりをキープしましょう。1回目はサトイモのねばりで水分がなくなるまで炒める。うまみ成分が詰まっているのでアクを取り除かないこと。サトイモを多めにするととろみが増すんです。けんちん汁はね、一晩寝かすとなおおいしいんですよ。

お客さんは「何でも教えてくれて、料理教室みたい。また長居しちゃった」。こちらも笑顔で帰っていった。

【材料】

豆腐…1丁／サトイモ…400g／ゴボウ…中1本／ニンジン…小1本＝60g／大根…1/2本=150g／長ネギ…お好みで／サラダ油…大さじ3＝多めがおいしい、ゴマ油はダメ／水…4カップ／だし調味料…少々／しょうゆ…適量／煮干し…8本

【作り方】(4〜5人分)

❶ゴボウをささがきにし、水にさらしてアクを抜く。

❷サトイモの皮をむき一口大に切る。ニンジンはささがきにし、大根は厚さ3ミリくらいのイチョウ切りにする。

❸鍋にサラダ油を熱し、ゴボウ、ニンジン、大根、サトイモをよく炒め(10分以上)、とろみが出てきてから分量の水1/3を加える。

❹3回くらいに分けて混ぜながら水を加え、具がやわらかくなるまで煮る(20分ほど)。

❺3回目の水を入れたら煮干しを入れる。味見をし、足りなければだし調味料を加える。

❻しょうゆ(大さじ3)を入れる。

❼豆腐を手で粗くほぐしながら加え、味を調えながらしょうゆ(適量)を加えて火を止める。

❽ネギを薄く小口切りにし、お好みで散らす。

にいはる里山交流センター

古民家がお出迎え

縁側に座布団を敷いてお茶でも飲みたくなるような古民家が新治の玄関口。昔からこの地を見守る農家の屋敷は今、「新治里山公園・にいはる里山交流センター」（旧奥津邸）として生まれ変わり、来場者をお出迎えする。

散歩の休憩がてら日だまりでお弁当を食べたり、ひんやりした畳の上に寝そべったり。過ごし方は自由だが、里山にぴったりの催しが魅力。野外が好きなら里山歩きに野鳥観察。ゆっくり過ごしたいなら、親子で楽しむおはなし会や琴の演奏会。季節を感じたいなら枚挙にいとまがない。農村に伝わる正月飾りや盆の料理教室、よもぎ団子や柏餅作りもある。天然素材好きのおしゃれさんなら、新治産ラベンダーを使ったタッジーマッジー（香りの花束）やハーブオイル＆ビネガー作りがおすすめ。

いずれもセンターの落ち着いた風情が、一層、雰囲気を盛り上げてくれる。

●にいはる里山交流センター
緑区新治町887
☎045（931）4947
開館時間9:00～17:00（6～8月は18:00、11～1月は16:30まで）休館／第４月曜、年末年始
Ｐ／なし

精米したての地場産米を

野彩家　佐藤農園

年間70品目の野菜と10種類以上の加工品が、地域の野菜好きに大人気。「端境期でも10品目以上は並べるようにしている」と店主の佐藤克徳さん。秋になると数種類の新米が並ぶ。「品種により食感も違う。『ハエヌキ』はさっぱりしているからおにぎり。『ミルキープリンセス』は甘くてモチモチしているから他品種と混ぜてみて」と妻の裕子さん。店内で精米したばかりの地場米は、米どころの特級品さながらの味わい。

緑区十日市場町819-10　☎045（981）5239
交 JR横浜線十日市場駅徒歩2分
営 11:00～日没　通年　休 木・日　P なし
i 野菜・米・加工品
S ハウストマト（春）、トウモロコシ（夏）、新米（秋）、イチゴ（冬）

はちみつ

琥珀に溶け込む「春」

琥珀色に溶け込むのは花と風の香り。市内産のはちみつの味は横浜の春そのものだ。

緑区小山町の養蜂家、小島忍さんは毎年約10コロニー（女王を頂点にした群れ）を飼育する。「搾った日で味が違う。その時に咲いている花の味だよ」と小島さん。行動半径はおおむね2キロ、最盛期には1コロニーで5万匹以上。花を求めて飛び立つ。

恩田川の河川敷でほころんだ菜の花を、新治の田んぼのレンゲを、団地に咲いたモチノキの花を、ハチは訪れる。レンゲはあっさりと滑らか、桜なら道明寺のような残り香。味ははっきり違う。「どの花が今咲いているかよく分かるよ」と小島さん。ハチは横浜の季節の一瞬、一瞬を集めてきて、香りといっしょに蜜に閉じ込める。巣箱の中でハチにより濃縮され、それがヒトの舌の上に載ると一気に解き放たれる。春風に乗った花の香りがスゥーと鼻を抜ける。

小島さんは一定の場所に巣箱を置く「定飼《ていし》」という飼育法だが、花を求めて巣箱を移動させるのが「転飼《てんし》」だ。

「4月に円海山周辺で桜の花をとり、5月には藤の花。中旬から泉区でブルーベリー。下旬は湯河原町でミカンの花。その次は…」と話すのは人見俊也さん（港南区）。約30箱をやり繰りし開花に合わせ移動。ピンポイントで花にあたる。「今年しぼった1発目をその場でぺろり。うまいよ、こんないい仕事ないって思う。刺されると痛いけど。ハハハ」。

雨が続けば収量は減り、秋にスズメバチに全滅させられることもある。大変な仕事だがその魅力について小島さんと人見さんはほぼ同じことを言う。「蜜は花とハチからいただいたもの。謙虚な気持ちで接していると、土地の自然の姿が見えてくる。それがうれしい」。

6月、ハチの数は最盛期。巣箱と小島さん／緑区のコジマファーム

ビン詰めや抗生物質の残留なしなど、安心面にこだわる

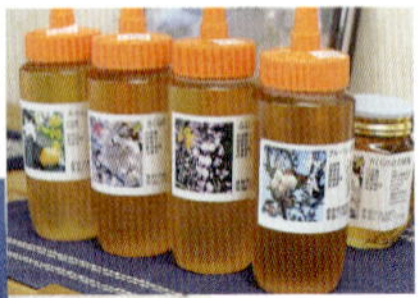

市内産は磯子区の桜、藤、泉区のブルーベリー。藤は高貴な香りでヨーグルトに合うそう。ブルーベリーは珍しい。人見さん（左）の「ちぼり堂」では他県産も含めて10種類以上の味見もできる

マイタケ

舞い上がるおいしさ

喜びで舞い上がるからマイタケ。いわれは諸説あるが、マイタケの味と人気は折り紙付きだ。十日市場にあるキノコ専門の直売所「きのこハウスひらもと」のイチ押しは、そのマイタケだ。

同店の平本正道さんは「シイタケに比べ管理が難しい。例えば菌床のおがくずと肥料の配合割合などが少しずれると育たない」という。雑菌にも弱いため慎重に育てる。今は「メルカートきた」などJA直売所にほぼ毎日、出荷される。

新鮮なマイタケはスーパーの商品とは別物。ビニール袋越しに香りが漂うほどだ。また歯応えもしっかりで、マイタケ特有の食感も楽しい。何にしてもおいしいマイタケだが、平本さんのおすすめは天ぷら。またださしがよく出るので、味噌汁に入れる場合はほかのだしを取らなくてもいいそうだ。肉厚のシイタケも人気。また色が白く煮汁が黒くならない白いマイタケもあるそうだ。ごく少量しか収穫できないので、運よく買えたら〝舞い上がって〟喜んでみては。

きのこハウスひらもとのラインナップ
下は菌床を手に平本さん

マイタケの栽培風景
下は白マイタケ

海鮮酒家

海陽飯店

この一杯に旬の横浜産野菜を閉じ込める。オーナー・鳥海文雄さんのサンマーメン（左奥、850円）は全国中華料理生活衛生同業組合連合会主催のコンクール（2009年）で麺部門1位を獲得。「うちは素材の持ち込みで即興一品作るよ」と、人柄はいたって気さく。仕入れた地場野菜から考案する新メニューは年に20種ほど。一皿３～４人でシェアできるボリュームで質量ともに常連客をあきさせない。舌が喜ぶオリジナルスイートポテト（500円）はとろーりチーズがたっぷり。根っからの料理好きが奏でるレシピを聞くのも一興だ。

＊海鮮と浜なしの炒め（1200円）、ランチ（1500円、2000円ともに2名～）は驚きの品数で大人気。

緑区十日市場町822-17　☎045（988）2301
交JR横浜線十日市場駅徒歩3分
営11：30～14：00（LO）、17：30～21：15（LO）
休火　＊事前の予約がお勧め

魚料理＆雑穀料理

うおたま&くうかい

とことん優しいオーナー・西原聡さんの“味”。花粉症に悩んだ経験から食養を意識し、効くという雑穀料理に精進を重ねた。女性客も太鼓判の「つぶつぶランチ」（1050円）は粟入りコロッケ、”もちきびポテト”、ヒエのしんじょなど食感豊かな６品（取材時）でデリシャス＆ヘルシー。労をいとわず近隣の農家を巡り安全な野菜を調達、魚屋勤めの経験を生かした技の創作料理とくれば…。人気No.1のポテトサラダ（350円）、ランチもテイクアウト可。

＊トマトのフライ（350円）、レンコンのはさみ揚げ（450円）、ラー油冷や奴（350円）

緑区霧が丘1-17-6　☎045（922）6130
交JR横浜線十日市場駅徒歩18分、バス23系統乗車６分「萱場公園前」バス停下車すぐ
営11：00～14：00（LO）、17：00～21：00（LO）　休月
＊毎月第1土曜日等に朝市を開催（ランチ休み）

直売所便り

野菜たちの夢

真っ赤な大根に紫色のニンジン、3色のプチヴェール…。珍しい野菜に目を奪われていると、「こうやって調理するとおいしいのよ」と看板娘の金子早苗さんが声を掛ける。「量が多くて使い切れない」とこぼすお客さんには、丸ごとを少量にカットしたり、1セットの本数を変えたり。

どの野菜も売る前に必ず味を確認する。納得いかなければ売らない。「おいしい」。すべてはお客さんにそう言ってもらうためだ。

自慢の野菜は苗作りから。夫・晃さんが「野菜も甘ったれちゃうから」とわが子のように厳しく、慈しんで育てる。一押しは夏が旬の露地トマト。19種類と豊富で、直売所に通うシェフもびっくり。すべて量り売りだから、全種類味わうなんて贅沢もできる。

スーパーではまずお目にかかれない黒キャベツが並ぶことも。「煮崩れしないし、葉の凹凸にスープがよく絡むから煮込み料理にぴったり」とすかさず早苗さん。今晩の食卓の話題が一つ増えたとうれしくなる。

野菜を買うこと。それが驚きと感動への一歩だと気付かせてくれる。

ほどじゃがの底力～種イモの街～

ジャガイモの街、保土ケ谷。明治、大正、昭和初期には種イモの産地として栄えた。今でもその名残を残し、ジャガイモの栽培が盛んだ。農家だけでなく、市民や商店、行政も街おこしの〝パートナー〟として信頼する通称「ほどじゃが」。遠い昔の「種」の歴史が財産となり、今につながっている。

峰岡町の中村ヤス子さん宅には種イモなどの取引に使われたと伝わる〝顧客名簿〟が残っている。北は青森から南は広島まで、種苗店や商店名などが書かれている。残っているページだけでも２０００件以上。全国へ出荷されていた歴史を物語る。保土ケ谷駅前には種イモ問屋が軒を並べていたという。

現在は出荷用の種イモは作られていないが、食用のジャガイモは保土ケ谷の主要な農産物の一つ。生産量は市内でもトップクラスで「保土ケ谷いも」の名で市場出荷もされる。同区仏向町で40年以上ジャガイモを栽培してきた小久江瀬平さんは「丘が多い保土ケ谷の畑は水はけがいい。土が合っている」と話す。

農家だけでなく市民の間でもジャガイモは特別な野菜だ。旧東海道の宿場町として古い歴史を持つ保土ケ谷は、市内でも区民の地元への愛着が深い街の一つとされる。人々の暮らしに、ジャガイモが根付く。

開港１５０周年にちなみ２００９年には、地場産のジャガイモや野菜を使った「黒船カレー南蛮」が誕生。地元のそば屋が地域限定メニューとして提供する。旗振り役となったJR保土ケ谷駅前のそば店「桑名屋」の近藤博昭さんは「子どものころは学校から帰ると毎日ふかしてあったよ。保土ケ谷といえばジャガイモだよ」。「ほどじゃが焼酎」なる酒は、区政80周年事業で市民団体の手によって作られた。地元農家も巻き込み「保土ケ谷に定着していくものを育てよう」と、酒店や居酒屋などに展開中だ。

「街おこし」の素材としても活躍するジャガイモ。活動の魅力について、ほどじゃが焼酎の会の監事を務める青木一郎さんは「仕事を超え、ほどじゃがを通じて今まで知らない人や応援してくれる人、異業種の人と知り合えるのが一番楽しい」と話す。保土ケ谷のジャガイモは今、人と人をつなぐ〝種〟なのかもしれない。農家が作り、地元で食べ、故郷の記憶となり、魅力に気付き、動き、会い、話し、そして街が歩き出す。

保土ケ谷のジャガイモは、地産地消の可能性を力強く物語っている。

ジャガイモはフランス語で「pomme de terre」(大地のリンゴ)。土からゴロゴロと出てくる様子はまさに名前の通り

▶種イモなどの取引相手を記したと伝わる手帳(中村ヤス子さん所蔵)

キタアカリ

北海道からの人気者

現在、横浜のジャガイモ農家の多くが主力として栽培するキタアカリ。名前から推測できる通り北海道生まれのジャガイモだ。

北海道農業研究センター畑作研究領域でジャガイモを担当する田宮誠司上席研究員は「全国的に作付面積が増えつつあります。身は黄色っぽく、甘みとホクホクした食感がある。芽のくぼみ付近が赤くなるので判別しやすく、直売でも人気があるのでは」と話す。

1987年に生まれたが、最初は種イモが少なく道内での流通が主流だったという。そのころ「旅行先の北海道で食べたジャガイモがおいしかった」という記憶がある人は、キタアカリを食べたのかもしれない。

収穫

梅雨に空をにらんで

横浜でのジャガイモの収穫は5月下旬に始まり、7月上旬に終わる。最初は男爵、後半はキタアカリだ。一番の懸念は天気。雨が続くとイモが腐りやすくなる上、泥が落ちにくくなるからだ。「6月の終わりに10日間降り続いた年があった。半分以上が腐ったよ」と小久江さん。ばっちり梅雨と重なるため、収穫は空模様との相談だ。

まず枯れた地上部分の茎や葉を取り除く。歯の部分を専用の器具に替えた管理機が動き出すと、土の中からわき出すようにイモが現れる。手で掘り残しを探ると同時に、大きさで分別。後は一気に拾い集めていく。腰を大きく曲げる大変な労働だ。

収穫後は小屋で1週間寝かせ、「熱を冷ます」(小久江さん)。泥落としの機械に掛けてから箱詰めし、出荷する。

収穫されたばかりのジャガイモ。コンテナは1杯で20キロ以上。軽トラックに積むのも重労働だ

ほどじゃが焼酎

焼酎

スッキリと〝濃い〟味

新名物として売り出し中なのが「ほどじゃが焼酎」だ。

原料となるジャガイモは100%保土ケ谷産。「毎年、同じ時期に植えるのが大変。早いと霜が不安、遅いと納期に間に合わない」と栽培農家の山本毅さん。2011年は2200キロを鹿児島の蔵元に送った。焼酎の会が中心となり販売促進のチラシや試飲会などを開催。「地場産を盛り上げよう」という心意気に応じた地元の小売店や飲食店も協力してきた。

飲み口よく女性も楽しめるスッキリした味だが、保土ケ谷の地元愛を思うと急に〝濃く〟感じるのは気のせいだろうか。ロックがおすすめ。720ml/1,500円

鮮やかな赤い皮が特徴。「紅じゃがいも」とも呼ばれる。
中は黄白色でねっとりした食感と甘みがある

言わずと知れたジャガイモの定番。ホクホクなので煮崩れしやすいがコロッケ、サラダ、肉じゃがなど、どんな料理にもあう

保土ケ谷の秋の新じゃが(11月下旬)は大半がこれ。長崎生まれ。煮物にも向くので冬の温かい料理にぴったり

名前の通り肌が白いのが特徴。別名は伯爵。男爵に似た味で、ポテトチップなどフライにしてもよい

＼これはうまい！／　内田泰元さん［味元うち田・保土ケ谷区］

ベイクいも

【材　料】
ジャガイモ＝キタアカリ…大１個
A＝サワークリーム／万能ネギ／ベーコン…適量　B＝バジル／唐辛子／ガーリック／お好みでいろいろ（適量を混ぜ合わせておく）　バター／塩、コショウ…少々

【作り方】
❶ベーコンを網で焼き、脂を落とす。カリカリにして細かく刻む。
❷ジャガイモを洗って皮付きのままバターをぬり、アルミホイルに包む。170℃（中温）に予熱したオーブンで50分ぐらい焼く。
❸焼けたら４つ割にして広げ、お好みで塩、コショウをする。
❹③の上に好みの量のサワークリームをかけ、万能ネギを適宜散らす。
❺(お好みで)カリカリベーコン、Bの香辛料を混ぜたものをふりかけ、スプーンでかき混ぜてアツアツを食べる。

★Point
ジャガイモの水分量などをみて、オーブンの温度や焼き時間を調整。ジャガイモの甘みで塩コショウを加減する。

＼教えて！／　金子明美さん［あさひブルーベリーの森・旭区］

かんたん米粉豆乳シチュー

【材　料】（４人分）
ジャガイモ＝キタアカリ…大１個（200g）／ゴボウ…１本（200g）／ブイヨンキューブ…２個／マッシュルームホール缶…１缶／水とマッシュルームの缶汁…計800cc／成分無調整豆乳…400cc／米粉…大さじ２／ブロッコリー、ニンジン、ベーコン…適量

【作り方】
❶ゴボウとジャガイモを２㎜くらいの薄切りにする。
❷鍋に①と水と缶汁、ブイヨンキューブを入れ強火で約20分煮る。水分が半量になったらアクを取り、お玉でジャガイモをつぶす。
❸適当な大きさに切ったニンジン、ブロッコリー、ベーコン、マッシュルームと豆乳を入れ弱火で5分煮る。
❹米粉を同量の水で溶き、③に鍋に回し入れる。

★Point
煮崩れしやすいジャガイモの性質を利用した簡単シチュー。米粉は上新粉に、豆乳を牛乳に変更できます。

苅部大根

旅する種 ピンクの装い

かの練馬大根のルーツが愛知の在来種と言われるように、野菜はその土地に愛され育っていく。保土ケ谷に新しく産まれたピンク色の「苅部大根」。小粋で洒落た横浜によく似合う、新しい地方野菜の種がこの街に根付き始めている。

「世界に一つだけの大根を作りたかった。直売農家として勝負するため、ここだけにしかない野菜が必要だった」と〝育種〟をした保土ケ谷区西谷町の苅部博之さんは言う。上が赤紫で先は白。ピンク色にグラデーションする。サラダは鮮やかで、おもてなしにもいい。煮てもおろしても大根らしい味がする。

新しい品種を作る、というといかにも難しそうだが、「毎年育ちのよいものを選んで種を採り、何代も育てる」と言えば分かりやすい。苅部大根の親は岩手の赤い在来種。別の品種を掛け合わせるなど試行錯誤。横浜の気候でよく育つ個体を選抜した。

と、書くのは簡単だが、ここまで10年。種が採れるのは１年に１回だけだし、最初は色も形もバラバラ。４年目には親の特徴に戻る「先祖返り」などであきらめそうになったが、去年の冬、自身の直売所「フレスコ」でデビューさせた。

地方野菜というと歴史を感じさせるが、そもそも野菜はこうして土地に根付く。固定種（※）専門の種苗店で伝統野菜に詳しい「野口種苗研究所」の野口勲さんは「種は旅をする。人の行き来とともにやってきた野菜がその土地の風土に順応し、形を少しずつ変え、結果としてそこにしかない野菜になる。生命力にあふれているんです」と話す。

元々、大根は中央アジアや地中海沿岸が原産地と言われる。海を渡り日本に来て、最近まで岩手で育ち、ここ横浜で新しい名前をもらった「苅部大根」はまさに旅の途中だ。野沢菜（長野）、源助大根（石川）など今は有名な地方野菜がそうであるように、土地ならではの味として、地域の食文化に貢献する日が来るに違いない。

＊

11月になると店頭に並び始める。「あら、きれいね」そんな声とともに買われていく。「おいしい」というみんなの声を〝肥料〟に、新しい野菜が今、育っている。

※長い間、人の手によって交配されていない遺伝的に安定した品種のこと。各地の地方野菜など。

フレスコの野菜は朝取り。このこだわりは実はかなりハードルが高い。収穫し、洗い、計量し、袋に詰めるとなると５～６時間はあっという間。日の出とともに起きてもギリギリなのだ。そこで同店の開店は午後。すべては鮮度のためだ。

●FRESCO（フレスコ）
保土ケ谷区西谷町960-2
☎090-2646-4147
相鉄本線西谷駅下車徒歩1分
㈹14:00～18:00（月・水・金）通年
㊡３月

西谷のネギ

種を守る人たち

梅雨空の下、収穫前のネギ坊主を前に白井茂さん(左)と白井孝仁さん(右)。「西谷ネギはとにかく柔らかい。春先に収穫したものをネギぬたにすると最高」と孝仁さん

「もう熟してるね」。男たちが大きな手で包み込んだのは、ねぎ坊主。種採りの一場面だ。保土ケ谷区の西谷地区には「西谷ネギ」というとろけるような味の晩《おく》ネギ(収穫期の遅いネギ)が伝わる。根元が分かれ、柔らかいため市場出荷には適さないが、代々この地で栽培されてきた。その種を守り続けてきた人たちがいる。

歴史は1960年代にさかのぼる。市場でたまたま見つけた良質のネギを同地区の農家、白井寅吉さんと苅部昇平さん(ともに故人)が千葉まで探しに行ったのが始まりだ。寅吉さんの息子で現在も西谷ネギを栽培する茂さんは「種は農家の命。産地を守るため、品質のよい種はよそに出したがらない。農家には譲ってもらえず、地元の種屋で見つけたそう」。手に入れた種を仲間内に広げ共同出荷、当時は取引価格も安定しよく売れた。「道のカーブに仲間のネギが落ちてたもんだ」と同区の白井孝仁さん。一時、横浜のネギの代名詞ともいえる存在だったが、品種改良が進み、市場出荷に向く1本タイプが主流に。時代の変化の中で数を減らし、現在は数軒が栽培するのみだ。

西谷ネギのように農家が自分で種を採ることは現在はまれ。種苗会社が育種したＦ１(※)品種の種を購入するのが一般的だ。F1は形や品質がそろい、病気に強く収量がよいから好まれる。県農業技術センターの農学博士で北宜裕企画調整部長は「よい種を採るには野菜を作るのと同様に高い技術が必要。特に狭い面積ではほかの品種の花粉がかかるなどして苦労する。在来種は有用な遺伝子資源を含むこともあり、残していくことは大切」と話す。

ネギは１年で発芽率が悪くなるため種採りは毎年の作業だ。「１度さぼれば次の年はなくなってしまう」。季節的に雨で落ちてしまうこともしばしば。また都市の狭い畑では種を取るまでの間、畑が空かないのも効率的ではない。そんな苦労があっても、白井さんたちの答えははっきりしている。「先人から引き継いだ大切な地元のネギ。私たちはこの味が好きだし、ずっと残していきたい」

※異なる品種や系統の親どうしを掛け合わせた雑種の一代目。一代雑種、交配種とも言う。

種は採取後２～３週間休眠させる。
＊種のサイクルのお話は「西谷の散歩道」に

西谷ネギは種まきから収穫まで２年近くかかる。右はまだ子供のネギ。一番おいしいのは４月上旬ごろだそう

オランダの技術で自慢のトマト

山本温室園

園主は栃木の農場で1年間研修した。700坪の温室で育てるトマト「カンパリ」(中玉)は評判上々。ミニトマトは赤、オレンジ、紫と色味も鮮やか。需要が高くフレンチの「ミクニヨコハマ」も食材に起用する。防虫ネットを張って病害虫を予防、太陽熱と米ぬかで土中の細菌を抑えるなど環境に優しい栽培法を採択。また、サトイモ、水菜、キャベツ、ブロッコリーなどの露地物の根菜類も“根強い”人気だ。

保土ケ谷区仏向町457
交 相鉄本線和田町駅徒歩10分
営 10:00～12:00、13:00～17:00　通年
休 木、年末年始
P 3台
i 露地野菜・温室トマト・キュウリ
S トマト(12～6月)、キュウリ(4～7月)

野菜作りが培う「縁」

斎藤農園直売所

300坪の温室トマトは市街地の近隣の家に配慮し、農薬をあまり使わない。食育に熱心な白根小学校との交流は足掛け10年。給食用の出荷をはじめ、空いた畑を利用しての児童の野菜作り、タケノコ見学、トウモロコシのもぎ取り体験も。秋、小学生たちが栽培・収穫した大根「冬自慢」700本が給食に。これをきっかけに親子の会話がはずむという。直売の歴史は50年と長い。地域との交流を糧に、今後の展開も楽しみ。

旭区中白根1-1-9　☎045(951)4367
交 相鉄本線鶴ケ峰駅　相鉄バス「鶴中入口」バス停下車徒歩4分
営 10:00～日没　通年　P なし
i 野菜(葉物を除く)　S 温室トマト・キュウリ、ジャガイモ、サツマイモ、サトイモ、ゴボウ、大根、ニンジン、カボチャ、タケノコ、ネギ

フランス家庭料理とワインの店

Bistro du Vin GALLIENI

ビストロ・デュ・ヴァン・ガリエニ

一皿500mlのワインを使用する牛ホホ肉の赤ワイン煮込みを目当てに通い続けるファンも多い。付け合わせの野菜もたっぷりと主役級。95パーセントが泉区をはじめとする県内産だという。本日のポタージュもこだわりの一品だ。砂糖は使わず、野菜を皮ごとギュッと凝縮する調理法でうま味を丸ごと閉じ込める。インターコンチネンタルホテルのソムリエを務めた舌が世界中から集めたワイン600本を「リーデル」のグラスで味わえる。

＊ランチコース(1750円～)、ディナーコース(3600円～)、アラカルト(800円～)、グラスワイン(昼380円～)

旭区笹野台3-50-33　☎045(442)5578
交 相鉄本線三ツ境駅徒歩10分
営 11:30～14:45(LO13:30)、18:00～22:00(LO20:30)
休 水　＊日曜日はディナーのみ

トマト筆頭に個性派・露地野菜

三村薫農園

「『桃太郎サニー』は酸味と甘みのバランスがいいから好評。暑い時は酸味も欲しいからね」と、露地トマトを薦める三村薫さん。30年続く中部地区市民朝市の会長で、開催3年目の「まちなか農家朝市」(保土ケ谷区役所内)へも参加と地域振興事業にも熱心。味と人柄に引かれて「トマトがとれたら電話して」というお客さんや立ち話にぶらりと寄る人も。環境に優しい野菜作りで夏、冬ともに露地ものを多数取り揃える。

保土ケ谷区川島町886
☎080-5179-9611、045(373)7921
交 相鉄本線西谷駅徒歩15分　営 9:00～12:00
冬(10月下旬～12月)、夏(5月中旬～9月上旬)
休 年末年始、お盆(8月13日～20日)　P 5、6台
i 露地野菜　S 夏(トマト、キュウリ、ナス、トウモロコシ、枝豆、サヤエンドウ)、冬(キャベツ、白菜、ほうれん草)

●二宮いちご園
旭区今川町11 ☎045(362)9115、
携帯080-5029-1583
相鉄本線鶴ケ峰駅 徒歩10分
㊎10:00～12:00(摘み取りは2～5月)
㊡不定休

二宮いちご園 甘い香りに誘われて

甘くてジューシーなイチゴをおなかいっぱい—。完熟イチゴの香りに誘われて毎年リピーターでにぎわうのが鶴ケ峰駅からほど近い「二宮いちご園」だ。「摘み取りのイチゴは洗わずに直接食べるので、農薬は可能な限り使いたくない。小さい子供も食べるわけじゃないですか」と話すのは園主の二宮大輔さん。ハダニやアブラムシの防除に、天敵となる昆虫を使うなど工夫し、販売用に「紅ほっぺ」、摘み取り用に「章姫(あきひめ)」などを栽培する。摘み取る位置が高い「高設栽培」なので、車いすやベビーカーでも大丈夫。車いす用トイレも完備する。

味にも栽培にもこだわるが、7年前に大工から就農し経験ゼロからのスタート。「とりあえず失敗でも何でもして、体で覚えた」と二宮さん。苗作りや栽培方法など工夫は欠かさない。摘み取り時期は1月中旬～2月頃から5月いっぱいまで。

(左上)よく釣れるのは夏場。「コイは引きが強く面白い」と山田さん。産卵量は普通のニワトリの1割程度だが味は抜群のウコッケイ(中)と青い卵を産む南米原産のアローカナ(右)で、贈答用に人気。ウコッケイの雄は食肉用に販売もする(要相談)

水郭園

トリとコイの二足のわらじ

でっかいコイと遊んでウコッケイの卵を買って帰る。想像もつかない組み合わせを地産地消に引きつけて、強烈な個性を放つのは旭区の水郭園(山田欽吾代表)だ。

希望が丘駅から徒歩約10分、住宅街にぽっかり池があった。看板には「深秘の鳥 烏骨鶏」「どこかがちがう！」とある。入り口には地場野菜と卵、中には釣りざおとエサ。その向こうで微動だにせず、うきをにらむおじさんがいる。

そう、水郭園は釣り堀兼直売所。トリとコイの二足のわらじをはく山田さんは「父がニシキゴイや金魚など淡水魚の養魚をしていた。私の代になりトリを本格的に飼い始めた」という。養魚はすでにやめ、その池が釣り堀になった。今のメーンは地卵。ウコッケイは300羽、ニワトリは市内に平飼いで3000羽。同園のほかJAの直売所に出荷する。

二足のわらじ。本人も「接点はない」と笑うが「釣り堀はのんびり気分。糸を垂らすと親子で普段しないような会話ができたりする。長く続けていきたい」。一方トリは「平飼いは収量が少ないが、トリのペースで産んでほしいという気持ち。本来の力を引き出したい」。ビジネスとしての距離は遠いかもしれないが、人との交流や対象への理解を大切にするその根底の部分はきっと同じ。

新倉高造商店

人と野菜つなぐ八百屋

「いらっしゃい」の掛け声もにぎやかな洪福寺松原商店街の八百屋「新倉高造商店」の目玉は「横浜産」だ。八百屋は野菜を見立てて売るプロだが、同店の新倉忠代表は「先代から『地物はいいものあるから積極的に入れろよ』と言われてきた。横浜産が『ちゃんとしている』と実感する。年間60品目、全取引量の1割が市内産だ。

味、旬、食べ方—「お客さんにぜひ知ってほしい」と新倉さんは力を込める。「オレンジ色のトマトを仕入れたときは、お客さんはまず色にびっくり。その後『横浜産』で2度びっくり。『横浜でこんな野菜が作られているの』と反応してもらえるとうれしいですよ」。また市内産は旬の時期しか手に入らない。「横浜産を見れば今の旬が分かります」と伝える。八百屋は見極めと販売だけでなく、野菜と台所、野菜と人をつなぐプロなのかもしれない。

ガレットやラテアートがおすすめの人気店。ランチには"選べるドリンク"38種類!

カフェ やさしい ちから。 Map G

⌂西谷町1079-5 ☎381-4004
営 11:00～21:00(日・祝～18:00)
休 月曜

「ほどじゃが焼酎」(P.60) 売ってマス

西谷駅周辺の酒店やコンビニ約50店舗で販売。定価1500円
*のぼりが目印!

西谷

所要時間　1時間22分
歩行距離　4.54km
（寄り道コース含む）

駅近直売所と眺望を堪能

横浜駅から15分の農スポット西谷。さらに5分で直売所。
晴れを狙って猪子山に登れば眺望は抜群。丹沢と富士山を堪能

相鉄線 西谷駅 → 2分 150m → ❶ FRESCO（フレスコ） → 11分 600m → ❷ 1つ目のビューポイント → 10分 550m → ❸ 2つ目のビューポイント → 6分 400m → ❹ 新井町公園 → 5分 250m → ❺ 新井町公園の芝生広場 → 13分 800m → ❻ 猪子山第二公園 → 13分 850m → 相鉄線 西谷駅

余力があれば「ほどがや☆元気村」へGO!

→ 3分 170m → ❼ JA横浜保土ケ谷支店 → 2分 90m → ❽ 学校橋 → 6分 210m → ❾ ほどがや☆元気村 → 11分 470m → 相鉄線 西谷駅

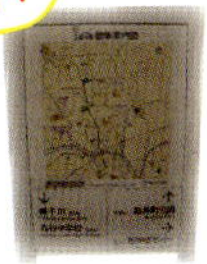
散策案内図

FRESCO（P.64）

1つ目のビューポイント「西谷ネギと新幹線」
畑と新幹線がよく見える

西谷のネギ

採取されたネギの種

種をとるサイクル
種は採取後2～3週間休眠させる。その後、水に浮く種と沈む種を選別し乾かして保存。9月の彼岸ごろに播種する。ネギは種から出荷まで2年近くを要し、この種が“食べごろ”になるのは再来年のこと。

ほどがや☆元気村
帷子川を川沿いに行く。区内で唯一の田んぼが目前に広がる

新井町公園の芝生広場

新井町公園
平成8年開園。せせらぎのトンボ池や竹林に時を忘れそう

2つ目のビューポイント「猪子山」
西谷農業専用地区（25㌶）のほぼ中心。斜面一面が野菜畑 。遠くに丹沢山系、富士山を望む

Map A　見つける価値アリ
白井光春さんの直売所
西谷町1049　営 不定期

Map B　道路沿いで気軽に
白井茂さんの直売所
西谷町1087　営 9:00～18:00 月・水・金

Map C　94種類の野菜 !?
白井農園直売所
川島町3083　営 14:00～18:00 月・水・金
土耕のハウストマトと珍しい野菜

Map D　庭先で販売
久保田耕司さんの直売所
新井町155　営 13:00～売りきれまで 4～7月、10～12月　休 不定休
のぼりが目印

Map E　加工品が人気!
河原農園野菜直売所
西谷町1187-2　営 14:00～売りきれまで 月・水・金
野菜・加工品（ケチャップ、漬物）

Map F　懐かしの町のお肉屋さん
鈴木精肉店
西谷町890-3　☎373-1115　営 9:30～19:30　休 日曜
はまぽーくのトンカツ、焼き豚、シュウマイ
＊はまぽーくでない時もあります

追分市民の森

森と野菜とお花畑と―。一度で二度も三度も〝おいしい〟のが「追分市民の森」。代名詞は5カ所合計で横浜スタジアム（約1万5000㎡）とほぼ同じ広さのお花畑だが、森も小道の直売所も楽しい。

中原街道の旭大橋は絶好の〝お花見〟スポット。春の菜の花、夏のヒマワリ。秋はコスモスが一面に咲く。愛護会の櫻井彰則会長は「自分たちの地元が『きれい』と言われると嬉しいですよ。草取りは大変ですけどね」と言う。特にヒマワリは延べ100人がかり。「根や葉を傷めて花付きが悪くならないように」と手作業だ。花畑の小道を行くと直売所もある。花は見るだけ、持ち帰るのは思い出と野菜。そんな〝マナー〟が追分に似合う。

近年、森はヤマユリなど昔からの動植物が育ちやすいように草刈りなどを工夫。「鳥の声をよく聞くようになった。森が変わっていくのが分かる」と櫻井さん。息の長い楽しみ方もある。

世界のサボテン生産・販売
A カクタス広瀬（P21）
☎951-9087
旭区下川井町1621-4
営9:00〜17:30
休日・祝日

◉都岡地区恵みの里 〜もち米作り

「よいしょー」。森に子供たちの歓声がこだまする。都岡地区恵みの里（漆原武雄会長）で人気の「もち米作り体験教室」のクライマックス、師走のもちつき大会が始まる。6月の田植えから10月の脱穀まで体験した子供たちは、すっかり田んぼにも米にも慣れた様子。丹精込めて育てたもち米「マンゲツモチ」がどうなるのか興味津々だ。音頭を取る新川安雄副会長もフォローに回り、今日は子供が主役。杵を握りしめ、力いっぱい堂々とつき上げる。

さぁ、一生懸命の〝ご褒美〟はお皿いっぱいのこしあん、きな粉、辛味大根のもち。地場産のささげをつかった赤飯も、ぺろりだ。

＊体験教室☎090-7733-8532（運営協議会事務局）

5 めずらしい野菜も
八ツ橋政彦さんの直売所
旭区東希望が丘187-8
営10:00〜17:00

地元の旬野菜を味わう
B 茶香林
☎442-5988
旭区笹野台1-28-1
営11:00〜22:00（L021:00）
ランチタイム〜15:00 休日

1 夏のトウモロコシ販売
田中信義さんのトラック直売所
停車位置は鉄塔付近
営収穫作業時

2 年2回、直売所祭りで開店（7月、12月）
都岡地区恵みの里直売所
旭区下川井町1567-4
営10:00〜12:00

3 畑直送野菜と地場米
櫻井フサ子さんの直売所
旭区下川井町2278
営9:30〜売り切れまで
休不定休

4 とれたて新鮮野菜
櫻井三喜男さんの直売所
旭区矢指町1723-4
（追分市民の森内）
営8:30〜11:30
休不定休

追分市民の森には
ユーカリの木があるんだよ～

動物園だって地産地消

「雨の日だって約束の時間に行く」。ごつい男たちがつぶやく。このセリフ、恋人を想う男の本音ではない。抱えるのはバラの花束ならぬ新鮮な竹の葉の束。市内の動物園向けに、動物のエサを作る農家がいる。そう、今日もレッサーパンダが待っている。

「排気ガスがかかっていないよう、大変だが竹は山の中から切り出す。そのうち色つやよく、たくさん葉が付いたものだけを選ぶ。何かあったら大変」と話すのは、野毛山動物園の人気者、レッサーパンダの海《うみ》(♂)とキンタ(♀)の竹の葉を育てる戸塚区舞岡の農家、相澤晴男さんだ。作業は5人チームのローテーション。盆も正月も関係ない。新鮮な竹の葉を週2回、動物園に運び続ける。

レッサーパンダのエサは竹の葉のほか固形飼料やリンゴなどで、野生では竹の葉が主食。飼育を担当する藤岡隆二さんは「レッサーパンダは激しい生存競争の中、ほかの動物がほとんど食べない竹の葉を主食とするよう進化した。野生と同じものを与えるのが一番。竹の葉を食べた方が繁殖成績がよいという報告もあります」。野毛山では1日5回、2時間おきに交換し、いつでも新鮮な竹の葉を食べられるように配慮する。

動物たちを支える飼育係はもちろんだが、エサを持ってくる農家の顔を、動物たちもよく分かっているかのようだ。

ゾウやキリンなど草食動物全般のエサとなる青草(ソルゴー、イタリアンライグラス)を作る瀬谷区の青木和昭さんにはこんな経験も。「青草を搬入してると顔を出してくるよ。ゾウが鼻からしぶきを飛ばしてきたこともあったなぁ。ほんと、カワイイよ」。

農家と動物たち、たぶん「両想い」???

舞岡は竹の産地。モウソウチクを切り出す

レッサーパンダ
(野毛山動物園)

上:ソルゴーは4月から7月にかけて計10回に分け種まき。安定して供給できるようにする/瀬谷区　下:イタリアンライグラスをほお張るアカカンガルー/(よこはま動物園ズーラシア)

竹が自生しない地域の動物園でもレッサーパンダは飼育されているが、確保は一苦労。札幌市円山動物園では京都と静岡から宅配便で搬入する。

手に入りにくいエサもある。例えばコアラのユーカリ。コアラはユーカリしか食べず、代用食がない。しかも若い新芽を好む。市内で唯一飼育する金沢動物園(金沢区)では、市内、三重、鹿児島、沖縄産を使う。ユーカリは1年に4～5mも成長する。市内では農家6戸が7種類を育て出荷する。市内産はハウス栽培で冬場の供給に備えるが、台風などでダメージを受けた場合に1カ所でまかなうのは危険。リスクを分散している。

ユーカリハウス

写真協力:野毛山動物園、金沢動物園、よこはま動物園ズーラシア

イタリアンライグラスを次々と口に運ぶ雄のインドゾウのボン/(金沢動物園)「ゾウは硬いところをしばいて、茎ごと食べるよ。キリンは柔らかいところだけ。アイツは味にうるさいね」(青木氏談)

1万人が掘る！
タケノコ・ジャガイモ・サツマイモ

掘る、掘る、掘る。子どもも大人も一緒になって、土をかき分け踏ん張って。タケノコ、ジャガイモ、サツマイモと季節を通じて掘り採り体験ができるのが、舞岡の魅力。楽しい汗と、本気の笑顔を見つけよう。

「わぁー、でっかい」「あったよ、ママ」「掘り残しがあるぞ」「よいしょー」。土の匂いに混ざって歓声が響く。年間で1万人近くが体験する舞岡名物の掘り採りだ。3月のタケノコに始まり、6月のジャガイモ、10月のサツマイモと季節で楽しめる(※1)。同地区の20人と1団体の農家が協力し、体験農園専用に栽培している。

同じ「掘る」といっても、魅力はそれぞれ。まずは一番手のタケノコ。「舞岡の特産。土の中にあるタケノコは柔らかくてアクも少なくおいしい。けど素人が見つけるのは難しいから、探しておくよ」と関正二さん。お次はジャガイモ。「舞岡の冬は寒く、植え付け時期の3月に霜でやられることも。たくさん持ち帰れるように予定の4割増しで植える。白くて大きくなる『ワセシロ』という品種が多いよ」と相澤晴男さん。

そして掘り採りの定番中の定番、一番人気のサツマイモは「なんと言っても大きさ。子どもが喜ぶからね。マルチ(※2)を敷き、真夏に草取りをして育てます」と金子浩幸さん。袋が破れそうなほどに詰まった芋を手に、ホクホクの家族連れを見送りながら「この笑顔が〝収穫〟です」とにっこりだ。

掘るのに疲れたら、周りを見るのもいい。どこか懐かしい舞岡の里山の風景に気づく。そして、農園には育てた農家や畑に詳しい農業後継者が常駐するからコツや品種、育てる苦労など、農家さんの思いも〝掘り起こして〟みては。今日の芋より大きな驚きがあるかもしれない。

ちなみに、食べ方も、掘り方も、育てている人もまったく違う3種類だが、植物学的にも異なる部位である。すなわちタケノコは「稈《かん》」、ジャガイモは「茎」、サツマイモは「根」にあたる。

掘って喜び、植物を学び、育てた人に会う。発見は足下にある。

【おことわり】物事を深く掘り下げるよりも空を見て想像力豊かに考えるのが好き、という方はP94の「摘み取り体験」へ。

※1　タケノコ691人、ジャガイモ1888人、サツマイモ5838人(平成23年度)
※2　畝を覆うビニール。地温を高くし、生育をよくしたり草が生えないようにする

早苗の季節に楽しむジャガイモ。田を吹き抜ける風が気持ちいい

斜面のタケノコ掘りは３つの中で一番難しい

一番人気のサツマイモ。掘り上げる瞬間はそこかしこから歓声と笑顔

舞岡や

完熟トマトで人気の直売所「舞岡や」(戸塚区舞岡町)だが、農家の〝手弁当〟の小さなテントが出発点だ。出荷の予定以上に取れた野菜を直接売り始めた。時とともに場所や形を変えたが、現在のスタイルになったエピソードはいかにも地域の直売所らしい。

店長の金子和美さんと同地区の相澤晴男出荷組合長は「野菜の集出荷場での作業中に『その野菜を売ってくれませんか』とお客さんから要望があって。集出荷場の空き時間を利用しての営業に切り替えた」という、市民との交流の始まりを教えてくれた。来店者数は毎年約5万人。特に4、5、6月は「舞岡やといえば…」とお客さんに定着しているトマトで盛況だ。また、地域の直売所らしくその土地の季節感も楽しい。早春のコゴミやフキノトウ、春のタケノコ。露地野菜とともに舞岡の里山の恵みも並ぶ。

四季の会

農家に伝わる「漬けの手わざ」を生かした舞岡の漬物の作り手集団が「四季の会」(金子伊史子会長)。地場の素材と〝勘所〟を生かした自由自在の漬物の数々は「舞岡や」の人気商品だ。

年間40種類を超えるレパートリー。定番の味は梅干、高菜漬、舞漬(ユズ風味の大根調味漬け)。季節の味は四季折々。彩りよいぬか漬け、常連が心待ちの梅の甘酢漬け、添加物なしのたくあん漬け、春らしい菜の花漬けにフキみそ漬け。漬物好きならご飯とみそ汁を持って出掛けたくなる。

洗練された技と味だが「出発点は『もったいない』の気持ち」と金子会長。形が悪い、少し傷があるなどの理由で出荷できない地場の農産物を捨てたくなかった。しかし始めてみれば「甘酢漬は遠くに塩を効かせて」など農家に蓄積された技はさえ、その味をお客は見逃さなかった。設立から約20年。「今はもっとおいしく、よいものを作りたいという気持ち」(四季の会メンバー)だ。色をよくする添加物を使わない高菜漬は少しでもきれいな緑色にしたいから冷凍販売するなど、一手間を惜しまない人気の秘密が随所ににじんでいる。

かねこふぁ〜む

もぎたての梅はくしで刺すとしぶきがほとばしるほどジューシーだという。「かねこふぁ〜む」(戸塚区舞岡町)代表の金子政也さんは「使う人が自分でもぐのが一番。梅も鮮度が命」と話す。白加賀、稲積、鶯宿―。17種類以上200本超を栽培し、収穫シーズンの5月から6月はもぎとり客でにぎわう。もいだ後は、漬けたりジャムにしたり。収穫と加工で2度楽しいのが梅だ。

魅力はまだまだある。2月の節分を過ぎれば、百花に先駆け花が咲く。前衛的なオブジェやユーモラスな作品が点在する園内を散策しながら、お花見が楽しめる。次にそっと目をつむって深呼吸。“梅”に母がいるように、故郷の優しさに似た穏やかな香りが、どこか遠くへ来た気分にさせる。

「体験農業を通して都会で生活する人に自然との距離感を提供したい」と金子さん。人の生活に欠かせないアートを楽しむ心も舞岡の自然の中に加えて、一層の安らぎを感じてほしい、そう願いを込めている。

寒中白梅、梅農家の志―。

●かねこふぁ〜む
戸塚区舞岡町1911　☎045(823)1222
㊔11:00〜17:00 ㊡月・火 HPあり

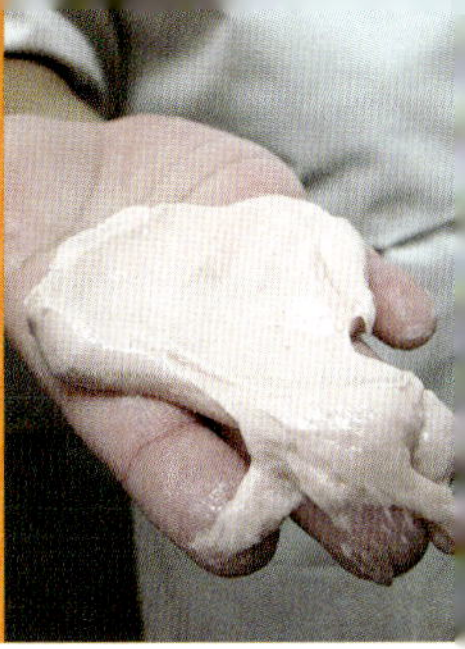

1ペースト。水、背油、すね肉や腕肉などを極限まで細かく挽き、乳化させペースト状に。大敵は摩擦による熱。水は氷、肉も脂も凍らせる。粗挽きと違い舌触りが抜群になめらかな「アウシュニット」

2腸詰め。天然腸を使うためバナナのように曲がる

3ねじりが戻らないように確認しながら燻製用のラックに掛ける

4燻製と約75℃での蒸気ボイルを数回、繰り返す。燻製はコーティングにより腸の穴をふさぎ、うま味を閉じ込めると同時に、香りを付ける。約1時間。桜のチップを使用

5完成。このままで食べられる。「粗挽きと違い滑らかなので、何本でも食べられます。胃もたれしません」（岡田さん）。本場ドイツで好まれる製法だ

ハム工房まいおか

豚肉と真剣勝負

「いい豚です」。戸塚区舞岡町にある「ハム工房まいおか」のハム職人、岡田洋さんがはっきりと答えた。同店は近くにある系列の北見畜産で育った豚の肉を使う工房。豚肉と毎日、真剣勝負。切り、つぶし、挽き、詰め、漬け、茹で、燻す。織りなすハムやソーセージの数々は「同じ肉だが（精肉とは）別の食べ物」（岡田さん）。探究の世界がある。

肉と塩と水と香辛料だけのウインナー、手仕込みのベーコン、見た目も鮮やかなピザケーゼ、漬けタレを6年間継ぎ足し作る焼き豚—。レパートリーは40種以上に及ぶ。

工程が複雑で高い技術が必要とされる食肉加工。添加物を使わざるを得ず、消費者の懸念は多いだろう。しかし、出発点の素材から店頭に並ぶまで「味も安全も安心も胸を張れます」と同店責任者の北見満智子さんは言う。その声の力強さこそ、地場産の魅力だろう。

岡田さんこだわりの焼き豚。タレ、つけ込み、加温とこだわるポイントが多い

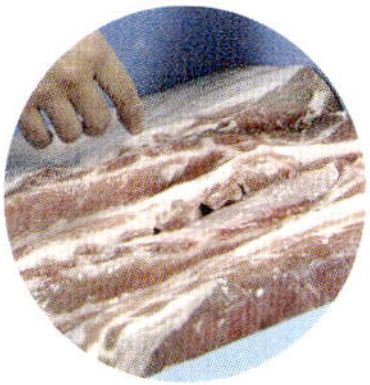

手仕込みベーコン。血などのドリップを2日に1回捨て、2～3週間漬け込む。水分などが抜けるため、この過程で約3割目減りするがうま味が凝縮される

●ハム工房まいおか
戸塚区舞岡町777
☎045（822）5789
営9:30～16:00 ㊡火
市営地下鉄舞岡駅下車徒歩1分
＊ハム、ソーセージのほか精肉や総菜も扱う

舞岡公園入口、前田の丘への看板あり

Map 8 舞岡いちご園

秋から春はイチゴ、秋はナシを販売

バス道
散歩道

Map A ナシの庭先販売
金子和美さん
営 8月中旬〜9月上旬

Map B ナシの庭先販売
金子三水園
営 8月中旬〜9月上旬

Map C 野菜の直売
金子光一さん
営 夕方のみ　火・木・土

Map D トマトの庭先販売
田中稔成さん

残っていればめっけもの!
Map E 野菜の庭先販売
福壽義男さん他

Map F ハム工房まいおか
P.75

Map G 舞岡や
P.74

直売OK。農家の方がいたら声をかけて!
Map H 花苗ハウス
小泉国雄さん

トマトをメーンに野菜の庭先販売
Map I 北光農園

舞岡

所要時間　1時間24分
歩行距離　4.6km（バス乗車時間除く、~西の台地区）

「ふるさと」からのお誘い

駅を出ると田んぼが広がる。梅林や竹林、民家も
どこかなつかしい「ふるさとの森」。都会に疲れたら帰っていらっしゃい

市営地下鉄　舞岡駅
8時～17時（10～15分おき）
道岐橋
江ノ電バス　京急ニュータウン行き
❶「京急ニュータウン」バス停 → 6分 390m
❷かねこふぁ～む&喫茶あとりえ → 17分 540m
❸舞岡公園 → 8分 400m
❹三枚畑地区 → 7分 410m
❺市民の森散歩道 → 2分 100m
❻童子谷地区 → 12分 850m
❼虹の家 → 6分 440m
❽舞岡いちご園 → 1分 60m
市営地下鉄　舞岡駅
余力があれば西の台地区へGO！
→ 10分 580m
❾西の台地区 → 3分 180m
❿木原生物学研究所 → 12分 650m
市営地下鉄　舞岡駅

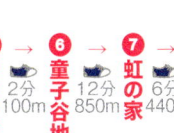

京急ニュータウン

かねこふぁ～む
&喫茶あとりえ

農家の喫茶店
梅の加工品が充実
もぎ取りもOK

池の右手に回り込むと河童の銅像が!
雨後のぬかるみに注意

舞岡公園

童子谷地区　童子谷地区は舞岡の原風景

舞岡ふるさと村案内板

市民の森散歩道
舞岡公園・舞岡ふるさとの森

三枚畑地区
公園を出て三枚畑地区に広がる畑。春は一面の山桜にナシの花。木原生物学研究所の小麦の普及と種の保存

虹の家
ふるさと村を知ろう

春の舞岡駅方面

竹林（タケノコ畑）

駅前に広がる田んぼ

東屋・水車のアメニティ

舞岡いちご園

田んぼと親水広場
舞岡川の親水広場が平成29年頃に完成予定

木原生物学研究所
毎年1回　施設を一般公開
10:00 - 16:00（火・木）
13:00 - 16:00（第3土曜）
※10名以上の団体は要予約

西の台地区
舞岡北信ファームから見た絶景!

地下足袋はいたファッションデザイナー

あなたの散歩コースに花農家の温室があれば、どんなに素敵だろう。温室はショウウィンドー。何千、何万もの季節の花が輝く。パンジー、ニチニチソウの全国1位に始まり、マリーゴールド、ペチュニア、シクラメン―。よく聞く花の多くが作付面積で全国上位に付ける。横浜は花の〝王国〟だ。

10万ポットの春―。港南区芹が谷の高台にある松田義雄さんの圃場は11月、パンジーのポット苗が出荷のピークを迎える。東戸塚の高層マンションを向こうに広がる一面の花と香りは、気の早い春がやってきたよう。戸塚区東俣野に大型のハウス13棟が並ぶ。春夏はポーチュラカ、冬ならシクラメン。「花卉《かき》団地」と呼ばれ、4軒の花農家が集まる生産拠点だ。花は設備費がかさむが小スペースで面積あたりの単価はよい。栽培面積が少ない都市部のスタイルに合う。

横浜を彩る花栽培の風景。しかし逆風は吹き付けている。花の栽培や流通が専門の東京農業大学短期大学部の井上知昭教授は「大規模化による低価格化は避けられない傾向で、土地が少ない横浜は不利。しかし温室で生産そのものを味わい、何千鉢の中から好きな色と形を選ぶ楽しさなど、直売のメリットはある。高品質の商品と地域に愛される場所を作り、価値を高めれば勝負できる」と話す。

花卉団地内のシクラメン農家、露木隆さんは、5号鉢より大きく、贈答用に好まれる6号鉢を主力に据える。「咲く位置やまとまり、花と葉のバランスやプロポーション、納得する鉢なんてまだまだです」。トップクラスの出来栄えの鉢と下のクラスでは同じ大きさで10倍の差がつくことも。横浜のシクラメン農家の技術の高さは全国区で知られる。また顔が見えるからこその高い意識もある。松田さんは「初心者でもうまく育てられる丈夫な苗にこだわる。市場では見てもらえないが、生命力という『苗の本質』はある」と話す。ガーデニングブームで日本の園芸人口は飛躍的に伸びたとされるが、育てられず辞める人は多い。ブームを終わらせない努力を、農家もすべきとの気持ちがある。

花は野菜と違い生活空間に飾るもの。ネクタイの幅やスカートの丈に流行があるように、嗜好は時代や生活様式の変化に敏感だ。その風が今、何かを読むのが難しい。「花農家は『地下足袋をはいたファッションデザイナー』。都会で暮らす都市の農家には、その風がよりよく分かるはず」(井上教授)。センスと心意気で勝負する、美しき戦いがある。お話の続きは21ページと116ページと126ページに…。

▲東戸塚の高層マンションを背景に広がる松田フラワーガーデン。市場や地元の園芸専門店に出荷される。花色は基本色の黄色を中心にその年の人気を読む（2011年10月下旬）

▼人気はピンク系。日本人が最も好む色とされる。ただピンクは赤紫から桃色まで、人によっての色幅が多く「電話でピンクと言われると難しいですね。写真とも違うので実物を見て欲しい」と露木さん（2011年11月下旬）

駅利用者の“直売天国”

戸塚野菜直売所

平日の通勤時間帯。時間を少し早めての開店に次々と“予約”が入る。品が豊富な朝のうちにお目当てを確保し、帰りにピックアップ。陳列棚がみるみる客の野菜保管場所へと変わっていく。現在４軒の農家が協力し当番制で運営するが、もとは昭和24(1949)年創業の歴史ある共同直売所。「人気のトマトは欠かさない」「本来の味を醸す完熟トマト」「希少性を重視」などそれぞれが得意分野を活かし、端境期にも知恵を絞って多くの野菜を用意する。包装、精算の手際もよく、客の求めに応じたアドバイスもお手のもの。「最近どうしたの？　来ないから心配していたのよ～」。駅がつなぐ縁を日々積み重ね、地域に根ざした絆を育む。預かりサービスは農家の心意気。残っているうちは帰れませんので、お引き取りは皆さまどうぞお早めに。

戸塚区戸塚町4028-3
☎045(881)0072(JA横浜 戸塚支店)
交JR・市営地下鉄戸塚駅徒歩5分、戸塚バスセンターより徒歩2分
営９:00～19:00(売り切れ次第終了) 通年
休年始(1月1日～８日)、不定休
Pなし
i野菜・野菜苗・果物
S完熟トマト(3～11月)、ナス(6～11月)、大根(秋～春)

企業秘密の土作りが決め手

矢島農園

「当店の畑より直送」。ペンキで手書きの看板に“その日”の野菜が元気な文字で出迎えてくれる。25年ほど前、環状４号線に面した畑の真ん中に直売所を開いた。好立地で客足が絶えず、この地で一筋。こだわりの野菜は有機肥料中心に栽培、さらに味をよくするため土作りにもう一工夫。「これは企業秘密。独特の風味、甘みがあるとよく言われます」と矢島聡さん。日本地図を取り出し「これで生まれた土地や郷土料理、干支の話をすればお客さんの顔も名前もばっちり。会話も弾みますよ」と笑う。いい野菜ができるから買ってほしくなる。その表れが大きな看板に加え「私を買って」とメッセージする野菜たちの陳列棚。商品が見渡せるように少し傾斜している。品切れしたらちょいとお待ちを。畑はすぐそこだ。

栄区田谷町1392　☎090-3592-4466
交JR大船駅西口から神奈中バス「保野公園・横浜薬大前」または「ドリームハイツ」行き「常勝寺」バス停下車すぐ
営８:00～13:00ごろ(火・水・土・日)
休営業日以外
P10台ほど
i野菜・米・切り花
S春・夏(トマト、キュウリ、玉ねぎ他)
秋・冬(大根、白菜、ほうれん草他)
玉ねぎ苗(11月)

i取り扱い品目　S旬の商品

焼き肉

濱皇（はまおう）

横濱ビーフの生産農場「小野ファーム」（P86）直営店。ほどよく熟成した上質の肉は「うまみと甘さを味わってほしい」とタレに漬け込まず、軽くあぶってモンゴル岩塩をさっと振る。昼は横濱ビーフトロ寿司2貫付きの横濱ビーフステーキ御膳（3150円）、横濱ビーフハンバーグランチ（曜日·個数限定200g/1050円）がお勧め。夜は極上の牛肉に舌鼓を打ちながら、ビールのお供に横濱ビーフソーセージでも。

＊横濱ビーフ極上カルビ、横濱ビーフ極上ロース（各2100円）、横濱ビーフソーセージ（577円）

栄区長沼町326　☎045（881）7811
交JR・市営地下鉄戸塚駅東口から「大船」「飯島団地」行きのバスで「長沼」下車徒歩3分
営11:30～14:00、17:00～23:00（平日17:30～）ＬＯ22:00　休火（祝日の場合は翌日）

喫茶店

さとうコーヒー店

開店36年目の扉を開ければ店の主、佐藤久江さんの笑顔。小さな店は花や小物でなじみの客がくつろげる空間を演出。ママと慕われるゆえんだ。お勧めは1日に必要な野菜がしっかり取れるランチ。メーンの向こうを張る煮物はエビ芋や大根、タケノコなど素材ごとに味を調える細やかさ、品数豊富なサラダも合わせ赤字覚悟の大サービスだ。食後はサイフォンで淹れた丁寧な一杯をどうぞ。

＊タラコスパゲティセット（煮物、サラダ、スープ、デザート、飲み物付き）、雑炊セット（煮物、サラダ、デザート、飲み物付き）（各1000円）

栄区公田町531　☎045（895）1787
交JR根岸線本郷台駅徒歩10分、環状4号線「天神橋」そば　営12:00～18:00　休日曜

【よこはま健康応援団登録店】外食や弁当・総菜をおいしく健康に食べられるように参加店と横浜市が協働で健康的なメニューと情報を提供。参加店は「健康応援メニューの提供」「栄養成分表示」「終日禁煙」に自主的に取り組む。

主婦も納得、本物の味

JA横浜 本郷農産物直売所「ハマッ子」

鎌倉街道沿い公田バス停前、JA横浜本郷支店敷地内に併設。地元本郷ほか日野・豊田・大正からも出荷され、夏はトマトなどの果菜類、冬は白菜、大根、カブが人気を集める。品揃えも抜群だが金沢区の農家が作る「にんにくみそ」は特にお薦めで、ここと「メルカートいそご」（P139）でのみ購入可能。新鮮な味に感動した主婦が「これからもお野菜はここで買うわ！」と2度目の来店、リピーターとなる現場に立ち会った。

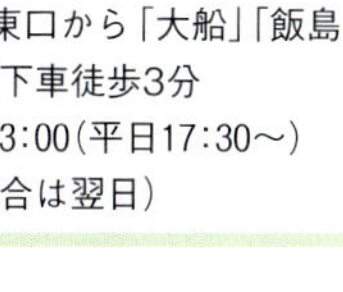

栄区桂町279-24　☎045（896）0546
交JR根岸線本郷台駅徒歩10分
営9:30～17:00　休年中無休（年末年始を除く）
P20台（JA横浜本郷支店と共用）
i野菜・果物・卵・花・植木・米・加工品
Sトマト（4～9月）・ナス（6～11月）・キュウリ（5～9月）、白菜・大根・カブ（10～12月）

野菜が"シャン"と「マッテマシタ！」

A·コープ 原宿店

入ってすぐ、10坪の「地元農家野菜直売コーナー」に環境保全型農業推進者*「Aコープ原宿店産直組合」の6人が通年出荷。生産者ごとに毎日新しい品が陳列され、2段の棚は夕方になると品薄状態に。地場産ならではの空芯菜、赤シソ、つけ菜やファン指名買いの葉付き大根、人気の完熟トマトが棚1段全面に並ぶ時季も。大好評の年末イベント「横浜産お正月野菜セットプレゼント」抽選会など工夫を凝らす。

戸塚区原宿4-15-4　☎045（851）5631
交JR、市営地下鉄戸塚駅、戸塚バスセンターから神奈中バス「俣野公園・横浜薬大前」行き「横浜医療センター前」下車すぐ　営10:00～20:00（日曜9:30～）　P40台　i野菜・果物・米　S完熟トマト（11～翌8月）・タケノコ・鈴虫

＊横浜市が環境に配慮した農業者を支援するのが目的で認定。5項目のうち「資源の再利用および省エネに努める」「取り組み内容の記帳」は必須。他に堆肥作りや化学肥料、化学合成農薬を減少させる技術の導入を推奨

創作和食

和ダイニング 櫓《やぐら》

副料理長の勝間田章司さん考案、サトイモの肉まん（600円）が、横浜の食材でレシピを競う「第1回濱の鉄人料理コンテスト」（2011年）プロ部門の頂点に。具は「はまぽーく」、皮は肉汁がしみ込んだサトイモのもちもちとした食感で、季節・数量限定のメニューに上る。甲州軍鶏の炭火焼を特長とするが、酒に合う山海の幸からデザートまで上手に選びとってある。地元の食材にも注目し、市内産野菜や「はまぽーく」の献立などより抜きの一品が揃う。料理人のこだわりは「和」のテイストでまとめられた癒やしの空間作りにもおよび、やわらかな明かりの店内にひっそりと息づく郷里を感じさせる。

＊地場野菜のバーニャカウダ風（680円）、朝摘み野菜の精進なます（480円）、かぼちゃのまんじゅう 鶏そぼろ射込み（480円）

戸塚区戸塚町4014-4 ☎045（865）0123（14：00〜）
交JR・市営地下鉄戸塚駅徒歩３分 営17：00〜24：00（LO23：30） 休日（月曜休日の場合は日曜営業し、月曜休み）

知って得する！
家庭で作れる“櫓風”「和風ドレッシング」

野菜のほか冷奴、冷しゃぶにも

【材料】A＝濃口しょうゆ（180cc）／酢（180cc）／砂糖（36g）／うまみ調味料（小さじ1/2）
B＝白練りゴマ（10g）／玉ねぎ（中1/3個）／すりおろしニンニク（小さじ1/2）
サラダ油（270g）、白ゴマ（適量）
【作り方】❶大きめのボウルにAを入れ、泡だて器でよく混ぜる。❷①のボウルにサラダ油を、混ぜながら少量ずつ加える。❸ミキサーにBと②を入れ、よく混ぜてボールに戻す。❹白ゴマを入れる。
＊店で提供しているドレッシングとは異なります

焼き鳥

炭や　さぼてん

環状４号線沿い、親子リレーの旬の味と気風のいい盛り付けを目当てに常連がやって来る。「一番美味しい時季に一番美味しいものを」と、店主・内田俊也さんは実家が農家だからこそ出せる料理を安く提供。若いキュウリの凝縮したうま味や早取り葉ショウガのやわらかさ、香ばしい「串」同様に備長炭でじっくり焼き上げる長ネギの甘さ。一押し「おやじの漬物」（450円）は、農を担う親父克己さんが温度調節のできる漬物部屋を作り滋味ある一品を追求。“畑の恵み”を具にした味噌汁がサービスとうれしい特典付き。収穫のピーク時は店内で野菜の即売も。夏場のトマトは完売御礼の人気だそうだ。

＊生ほうれん草サラダ（550円）、さっぱりキャベツ（350円・自家製味噌付き）、里いもの煮物、じゃがメン（各500円）、串焼きおまかせ５本セット（800円）、野菜の串焼き（140円〜）

栄区上郷町684-6 ☎045（898）0401
交JR根岸線港南台駅より神奈中バス「本郷車庫」下車、すぐ
営火―土17：00〜24：00（LO23：30）、日・祝17：00〜22：00（LO21：30） 休月

知って得する！
さぼてんの「サンチュ味噌」

生野菜、肉のソテーに

【材料】白味噌（250g）／砂糖（125g）／コチュジャン（35g）／ゴマ油（20g）／みりん（20g）／サラダ油（20g）／粉唐辛子（大さじ1/2）／すりおろしニンニク（小さじ1/2）／ゴマ（適量）
【作り方】ボウルにすべての材料を入れよく混ぜ合わせる。【ポイント】コチュジャン、粉唐辛子で辛さを調整する。冷蔵庫で１カ月ほど保存できる。

木で完熟させた果物の味は摘み取りならでは（戸塚区・芝口果樹園）

芝口果樹園

摘み取り天国

直売所のように商品が並んでいないので「あれれ」と思うかもしれないが、それはお客さんが自分で収穫する仕組みだから。夏から冬にかけて、毎月違った旬の果物が楽しめるのが摘み取り園「芝口果樹園」だ。

８月上旬からブドウの「バッファロー」、「ピオーネ」、「藤稔」と続き、下旬から９月にかけてが最盛期。ナシの「幸水」や「豊水」も加わる。10月は柿。「早秋」「甘秋」。そして下旬には実も大きく甘みも抜群の柿の〝王様〟「太秋」の登場だ。最後は11月いっぱいの温州みかんで、締めくくられる。

木陰は涼しく実のなる高さも手ごろ。子供を抱っこして取らせたりと常連さんは「ついつい取りすぎてしまいそうになる」とか。

鎌倉野菜

横浜の「鎌倉野菜」

若宮大路を海に向かって左側、通称「連売」（レンバイ）と呼ばれる直売所がある。正式名称は「鎌倉市農協連農産物即売所」。鎌倉市民だけでなく県外のレストランシェフなどからも人気があり、「鎌倉野菜」と呼ばれるようになってから一層人気が高まった。

さてこの鎌倉野菜、一部には横浜の農家が横浜の畑で生産し、販売している正真正銘の「横浜産」があることは、あまり知られていない。その真相は連売の歴史の古さにある。連売は鎌倉郡農協連合会が中心となり昭和３（1928）年に始まったとされる。この「鎌倉郡」という今はなき行政区がポイントで、現在の鎌倉市のほか、横浜市の栄、戸塚、泉、瀬谷を含む広大な区域だった。例えば今も連売に出荷する栄区長尾台は、当時は「鎌倉郡豊田村大字長尾台」。れっきとした「鎌倉郡」の一員として連売に参加し、昭和14（1939）年に横浜市戸塚区に編入、昭和61（1986）年に栄区となった。

その長尾台地区を訪ねてみた。大船駅の西側に広がるのどかな丘陵で、鎌倉時代の城跡も見られる。丘の上に出ると立派な畑が広がるが、どれも「鎌倉野菜」の生産地だ。畑仕事にいそしむ農家に聞いてみると、連売でのなじみは銀座や麻布十番のシェフ。「鎌倉野菜」として取りにくるそうだ。そんな人気については「おいしいくてよい野菜を一生懸命作ってるよ。それが一番のブランドだと思う」と。「鎌倉」だからではなく、昔も今も変わらない農家の心が連売の人気の秘密かもしれない。

地元だけでなく観光客にも人気の「連売」＝鎌倉市

戸塚４Ｈクラブ

元気です！　後継者

「いらっしゃい、いらっしゃい！」。威勢のいい声が早朝のみなとみらいに響く。横浜の農業後継者たちが集まった「戸塚４Ｈクラブ」（川戸和彦代表）の若者たちだ。

４Ｈクラブは全国的な農業青少年の学習運動の呼び名だ。アメリカで始まり、Hand（腕）、Head（頭）、Heart（心）、Health（健康）の４つのＨをとった。横浜でも名前の通り積極的に活動する。

ここ数年は横浜市や神奈川県から声がかかり、みなとみらい農家朝市、シルクセンターの「かながわ屋」前、ランドマークプラザなどこれまで直売がなかった都心部でのイベントに参加する。声がかかればどこへでも、というわけではないだろうが、ノリのよさは一番だ。個人の直売と違い仲間同士で品物を補えるから品数は豊富で、若者には珍しく控えめな価格設定も人気だ。

「大都会での直売は得るものが大きい」と川戸代表。横浜の農家の今後を背負う、頼もしい若者たちだ。

60年以上の歴史を持つ。現在は11人の若手が所属

Map 7

春先の温室は見ものです!

ひでさんち(またの育ち)

営 7:00~17:00 休 年末年始

トマト、メロン、スイカ、野菜全般、切り花、野菜苗

Map 9

テントで売ってマス

野島農園

営 9:00~17:30(ブドウ:8月中旬~9月初旬)、9:00~16:30(柿:10月中旬~12月初旬) *販売時期はのぼりが目印。宅配可

Map 4

祝日もやってマス

横浜㊤農園直売所

営 8:00~16:00 休 日曜・盆・年末年始

米、野菜、梅、プラム、柿
温室育ちのカブ、ほうれん草も!

Map 3

赤&緑の大きな文字が目印です。ファミレスからも入れマス

裏の畑の新鮮野菜直売所

営 11:00~18:00 休 火・水

野菜

Map 6

野菜の苗もありマス

石井農園

営 10:00~17:00(3~6月末)

米、トマト、野菜全般、タケノコ
※米は通年販売。直前に精米するのでご連絡を

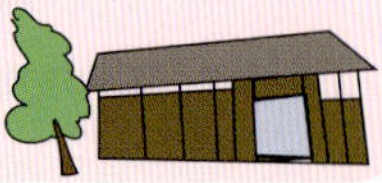

Map 12

農家直売野菜ありマス。市・県内産野菜コーナーが1Fに

ヨークマート戸塚原宿店

営 10:00~22:00

東保野

所要時間　2時間16分
歩行距離　7.4km
（バス乗車時間除く）

うるおいの川と花の散歩

キラキラ光る川面と戸塚の緑を満喫しよう。土手を歩けば田んぼが見える。ショウウインドーみたいな花の直売所で一休み

JR戸塚駅 「戸塚バスセンター」①番乗り場 神奈中バス「藤沢行」系戸81
→ 約20分
1 「影取」バス停
→ 5分 260m
2 芝口果樹園
→ 10分 410m
3 裏の畑の新鮮野菜直売所
→ 12分 640m
4 横浜㊅農園直売所
→ 2分 230m
5 東俣野中央公園
→ 17分 950m
6 石井農園
→ 31分 2220m
7 ひでさんち（またの育ち）
→ 4分 350m
8 八坂神社
→ 3分 180m
9 野島農園
→ 8分 500m
10 花き団地の温室群
→ 10分 390m
11 芙蓉橋
→ 21分 790m
12 ヨークマート戸塚原宿店
→ 8分 380m
13 Aコープ原宿店
→ 5分 100m
14 「横浜医療センター前」バス停 神奈中バス「戸塚バスセンター行」系戸50・52・55・56
→ 約15分
JR戸塚駅

平日　9:00〜14:00（3本/H）
　　　15:00〜18:00（4本/H）
土日・祝
　　　8:00〜9:00（4本/H）
　　　10:00〜17:00（3本/H）

昼の時間帯は平日休日ともに（5本/H）

◀浜なし
▲温州みかん

芝口果樹園（P.83）

道祖神と東俣野中部かん水組合のポンプ場
野菜を通年栽培できるように温室や畑に井戸水を供給

東俣野農業専用地区
トマト、小松菜、花（温室）/ 野菜、果樹（露地）/ 稲（水田）

東俣野中央公園
眼下にテニスコート、その先に温室群と河岸段丘（藤沢市）の緑地帯
*レストハウス（管理棟）あり 8:30-17:15

東俣野中央公園内MAP

戸塚区では数少ないまとまった水田地帯。稲・稲・稲!

水管橋
相模川水系から寒川堰で取水、小雀浄水場へと送水される

米作りに欠かせない井戸水、ポンプ場

高台から水田を望む

動物園の飼料用の青草を栽培（P.71）

散歩やジョギングを楽しむ人が多い。大雨の後、いろいろな水鳥が羽を休める光景も

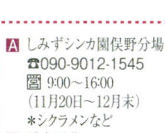

野島農園

鎌倉街道西の道「旧跡案内」

八坂神社

花き団地の温室群（P.78）

A しみずシンカ園俣野分場
☎090-9012-1545
営 9:00〜16:00
（11月20日〜12月末）
*シクラメンなど

B 露木園芸
☎852-2266
営 9:00〜17:00
*花苗一般

C 大黒園
☎851-0476
営 9:00〜16:00
（昼休みあり）
*シクラメン、花壇苗

ハマの肉牛たち

横濱ビーフ

田畑を耕す「役牛」として、昔から農家の営みに欠かせなかった牛。その後、需要の拡大に合わせるように横浜では乳牛の飼育が広がり、次いで肉牛肥育が始まった。

１日の乗車人員が10万人超のＪＲ戸塚駅。改札から歩いて約20分の山あいの土地に「小野ファーム」（横浜市戸塚区、小野宏社長）がある。黒毛和牛が約３００頭。県内でも１、２位を争う飼育頭数だ。規模の大きさに、訪れる人は一様に驚くそう。

横浜の肉牛は主に、宮崎県や長崎県などの産地で生後８～10カ月程度の子牛を購入し、月齢30カ月、体重７００キロ程度まで肥育し出荷される。約２年半の飼育管理が「おいしい肉」になるかどうかの決め手であり、肥育家の腕の見せどころだ。

赤身にほどよく「サシ」（脂肪）が入った、いわゆる「霜降り」ならば、いい値がつく。狭い敷地で、子牛の購入費と飼料代をみながら収入を確保するためには肉質を向上させるしかなく、横浜の肉牛は「味＝品質」の追求が進んだ。

元々、酪農から始まったケースが

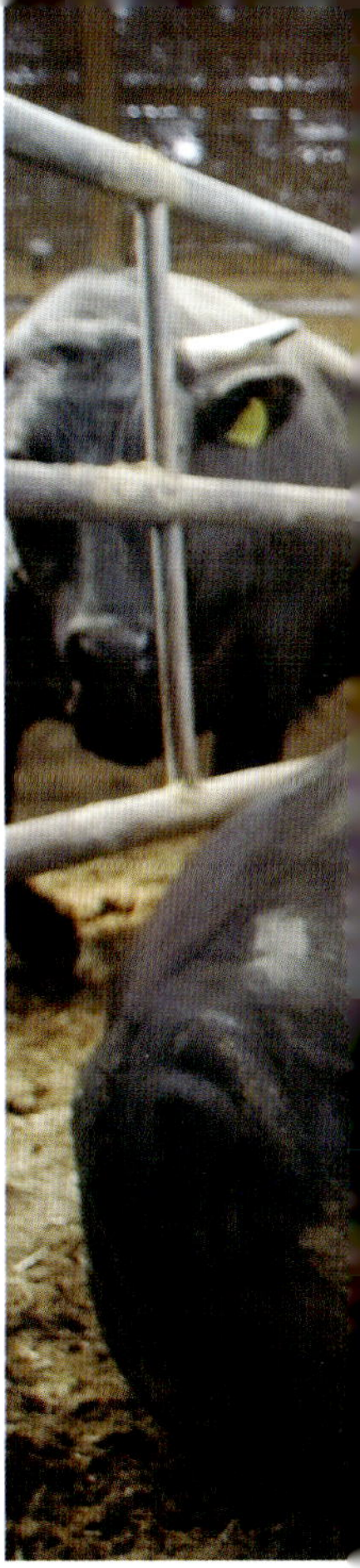

安くておいしいお肉の選び方

「おいしい牛はさ、頭のてっぺんからつま先までおいしいよ」と小野社長。ロース（肩〜背）やバラ（腹）など部位によって値段が変わるため、安くおいしい牛を食べたいなら等級の高い牛の比較的安い部位（スネ、モモなど）がよいという。等級は全体的な肉の付き具合、サシの入り具合などでＡ１〜Ａ５まであるが、「Ａ４ぐらいがバランスよくて一番おいしいと思うよ」とのこと。後はお財布と相談で…。

1・2 牛のえさとなるオカラとチモシー（牧草）
3 材料を混合した飼料
4 牛小屋全体
5 牛糞は堆肥に

多いため、乳の出ない雄の乳牛を太らせて肉用に出荷していた。それでは味が劣ると、乳牛の雌に和牛をかけた「交雑牛」が生まれ、その後、牛肉自由化とともに、より競争力のある和牛へとシフト、現在に至る。

横浜は開港後、中区にあった外国人居留地向けに全国でもかなり早い段階から牛肉を食べる文化が取り入れられた。肉牛とのゆかりは深い。

ほかの畜種と同様に県内全域での肉牛の飼育戸数は減少傾向にあるが、頭数については一定の水準を維持している（※）。つまり、一戸あたりの飼育頭数は増えているともいえる。

小野ファームでは、牛舎に特別なチップを敷いて清潔に保ち、えさには市内の業者から譲り受けたおから、メーカーから仕入れたビールかすも使用する。いろいろな産業が集まり、かつ競合相手が少ない都市部のメリットを生かす。横浜の肉牛、実はまだまだ新しい可能性を秘めているのかもしれない。

※２０１０年の戸数は86戸（１９９０年は３３０戸）、頭数は４９４０頭（同６９００頭）〔２０１０年農林水産省畜産統計より〕

果樹 “木で完熟”の味わい

長谷川勝行さん／泉区

三橋憲一郎さん／港北区

ナシ

ギリギリまで木に

8月に入ると、横浜市の農業関連の部署にはこんな電話がかかってくるという。「浜なしはどこで買えますか」。横浜の地場産のナシ、通称「浜なし」。残暑を吹き飛ばし、ハマッ子が胸躍らせる旬の果実だ。

JA横浜果樹部長を務める長谷川勝行さんの直売所は、開店1時間前から行列の人気だ。「毎年来ているわ」「今年はもう3回目」などという常連客がほとんど。この日は、コンテナ15箱が30分足らずで売り切れた。この時期、市内の浜なしの直売所はどこも活況を呈する。

人気の秘密は「木で完熟させる」から。「熟したナシは柔らかく『荷傷み』といって輸送中に傷が付く。地場産はその心配がなく、ギリギリまで木で熟すことができる」と長谷川さん。外産地のナシはまだ硬いうちに収穫、市場に出荷されるが「ナシは収穫の直前に甘みがグッとのる」(長谷川さん)。この時間差が大きな味の差につながる。

したたる果汁、さわやかな甘みと酸味。柔らかくもシャリシャリとした歯応えは、一度食べたら忘れられない。この時季に問い合わせたくなるのもうなずける。

ブドウ

赤・緑・紫の宝石

一方、横浜の果樹として〝双璧〟を成すのがブドウ。「浜ぶどう」の名で知られる。農家も独自の工夫を味に反映させ、人気は伯仲だ。

収穫の最盛期は8月中旬から8月末。もちろん木で熟してから収穫する。品種は巨峰系の大玉「藤稔」が多い。味は抜群だが荷傷みしやすく市場出荷に不向き。直売所ならではのブドウだ。ほかにも赤紫色でツルっとむける「竜宝」、黄緑色で皮ごと食べられる「シャインマスカット」など品種により味が大きく異なるのも魅力。選ぶ楽しさはナシ以上だ。

港北区の新田地区でナシとブドウを栽培する三橋憲一郎

ハマの

矢澤秀之さん／泉区

金子明美さん／旭区

杉崎尅己さん／港北区

●浜なしの収穫風景in長谷川果樹園●

1 収穫は午前7時ごろから。この時期は家族、兄弟も応援に駆けつける。ナシ運搬用のカートで近くのナシ畑に出発
2 ナシの選果風景　大きさによってナシを分ける。収穫後、約1時間の作業。「ナシは大きい方がいいよ。芯の部分はだいたい同じ大きさだから、可食部の割合が多い。それに大きいのはほかの実に比べて養分をたくさん集めた証拠」
3 飛ぶように売れるナシ。大きさや品種を選んで買いたいならば早起き必至

幸水
8月中～下旬

豊水
9月上～中旬

王秋
11月上旬

恒例のナシとブドウの品評会。品評後の即売会は格安で名人級のナシとブドウが買えるとあって大人気。1時間以上前から列ができる

さんは「ブドウはツルをどう伸ばすかなどの管理が品質に影響しやすい。面白いですね」。真っすぐ枝を誘引する仕立て方は作業効率もよく、整然と並んだ大粒のブドウは見事。常に新しい栽培方法などを試す。まるでブドウは〝恋人〟のようだが、「ブドウが親方。私が使用人。木は1年中あり、『今年は休む』というわけにはいかない。ブドウに使われている気分です」と三橋さん。どうやら甘いのは実だけのようだ。

初夏のブルーベリー、8月のお盆商戦を皮切りに10月まではナシ、ブドウ、イチジク、リンゴ、柿とよりどりみどり。11、12月はミカン。横浜では実は、代表的な果樹のほとんどが作られている。いずれもこだわりは「木で完熟」。季節と歩む、横浜の果樹の世界を紹介しよう。

菅沼佳孝さん夫婦、都筑区

藤稔

竜宝

シャインマスカット

安芸クイーン

サマーブラック

ブラックビート

ハニービーナス

リンゴ　横浜産もあり

矢澤さんが手塩に掛けて育てたリンゴ。自身も毎日のように食べるそうだ。「里のあさじろう」(泉区)で購入できる

横浜でもリンゴができるというと大抵の人が驚く。リンゴと言えば東北や信州など寒い地方が有名だが、どっこい横浜でもしっかりとリンゴが作られている。

泉区の矢澤秀之さんのリンゴ畑は9月が収穫の真っ最中。この時期リンゴが収穫できるのは暖かい横浜ならでは。産地のリンゴが出回るのは11月からなので、新鮮なリンゴを供給できれば需要は十分ある（ちなみに春から秋にスーパーに並ぶ産地のリンゴは前年収穫の冷蔵品だそうだ)。

リンゴは夜の温度が20度を下回らないと色付かない。そのため、横浜産は色付きでは劣るが「それ以外は決して負けません」と胸を張る。真夏の夜に消毒(水分を含むため気化熱により気温が下がる)するなど、努力を惜しまず育てた味は申し分ない。夏のリンゴ、とにかくさわやかだ。

リンゴはナシに比べて単位面積あたりの収量が少ないそう。選択肢はほかにもあったはずだが、矢澤さんは「リンゴはほかの果物と違って１年中食べたくなる。飽きない果物なんです」。風邪にすりおろしリンゴ、遠足の弁当にうさぎリンゴ、アダムとイブが食べてしまった禁断の果実リンゴ—。人はリンゴという果物が本能的に好きなのかもしれない。

「横浜でリンゴ？　珍しいから買う、という人は多いですが、嬉しいのはもう一度買いに来てくれる人。2回目は意外性でなく、味がいいから来てくれた証拠」と矢澤さん。リピーターの数は着実に増えているそうだ。

涼香の季節

信濃ゴールド

果樹“受難”［台風に負けぬ知恵］

果樹農家の〝最大の敵〟は台風。収穫直前のナシやリンゴはほぼすべてが落ち、防鳥や防薬用のネットがはがれ、時には木そのものが折れることも。2011年の台風15号がもたらした大風の被害は記憶に新しい。

基本的に一つの品種で収穫は年一度。１年かけて育てた果実を一晩で失うつらさは、いくばくだろうか。しかしそこには果樹農家の知恵がある。農家は、時折自分でも忘れてしまうぐらい色々な品種を植えているが、これは目移りが激しい訳ではない。いずれも収穫時期が少しずつずれている。直売が主なため順々に店頭に並べることができる上、台風で実が落ちてもまだ熟していない果実が生き残る。

出荷調整とリスク分散を兼ねそろえた見事な品種ワークでおいしい果物を食卓に届けている。

「昔はどこの家にもイチジクの木があった。みんな懐かしいのかな」。品種は定番の「桝井ドーフィン」

イチジク

トロトロのやわらかさ

木でギリギリまで熟したイチジクは皮ごと食べられる。ほどよく冷やした実からあふれるトロトロの果肉とプチプチの粒（イチジクの花）。鼻孔には甘い香り。しっとりした濃い味に、思わずもう一つと手が伸びる。

港北区日吉の杉崎尅己さんは約30年前からイチジクを栽培。もともとイチジクが盛んな地区で杉崎さんは市場に出荷していた。しかし5年前から「完熟にこだわりたい」と直売一本に切り替えた。

完熟イチジクはとにかくやわらかい。それは傷みやすく、腐りやすく、店での棚持ちもよくないことを意味する。青果の流通からの要求に真っ向から対立するような存在だ。

一般的にイチジクは、ほかの果樹と比べ手が掛からないとされる。「消毒もほとんどしないし、受粉の手間もない。ナシ屋はイチジクは楽だというよ」と杉崎さんはおどけてみせるが、「いいものを作るのは大変」と話すその先に、ならではの苦労がある。

葉が大きく水をほしがるため夏の晴天続きには夜に水やりをし、名前の由来の通り「１日一つ熟する」から収穫が始まれば休みはない。またやわらかいため実を積み重ねて収穫できないなど、扱いはとにかく丁寧だ。

手間暇かけたイチジクは人気が高く、今では昨年分の注文がさばき切れないほど。かつての名産「日吉のイチジク」は今、直売に形を変え人々を魅了している。

杉崎さんは約１２０aで１２０本を栽培する。イチジクは新しい枝に実が付く。小さく見えても樹齢を経たものが多い

イチジクのもう一つの名前の由来は約１カ月で熟すから。お盆ごろから10月上旬が収穫期。上は出来始めの赤ちゃんイチジク

敷き詰めた稲わらは乾燥、雑草防止。イチジクは水気を好む。最後は肥料になる。「かけ干しした自然乾燥のわらじゃないとダメなんだよ」と杉崎さん。わらも市内産

あとは出荷を待つばかり

まるで高原気分。枝もしなる見事な実りだ。日差しの柔らかな午前中が摘み取り体験のおすすめ

ブルーベリー

太陽の下で「瞬食」

瞬(旬)食。「ブルーベリーは木になっている状態から1秒後には口の中。こんな果物はほかにないでしょ」。摘み取りと直売の「よこはまあさひブルーベリーの森」(旭区)を経営する金子明美さんは言う。限りなく黒に近い濃紺の実は完熟の証しだ。農薬は使っておらず、子どもがその場で次から次へと口に放り込む。

樹高が低く管理が比較的容易なブルーベリーは、摘み取りや加工などの応用範囲も広いため、横浜市内でも増え始めた。だが金子さんが始めた10年前は「生で食べる人はおらず売れなかった」。売れ残っても常に直売所に新しいものを出し続け、3年目にようやく手応えを感じた。やがて「目によい」などとマスコミで取り上げられ人気に火が付いた。

北米原産のブルーベリーは冷涼な気候を好むと言われるが、金子さんの農園をはじめ市内のブルーベリー園ではそれはそれは見事な実をつける。金子さんは言う。「横浜の土に合う。こんなにいい土地はないですよ」

ジャムにマフィンにシャーベット—。ブルーベリーの魅力は加工も手軽なところだ。摘み取りでたくさん持って帰ってきたら挑戦してみては。定番はジャム。一般的には固まりやすくするため市販のペクチンを使うが、ブルーベリーはなくてもなんとかなる。砂糖を加え煮詰めよう。それでも面倒くさいあなたには、シャーベット。といっても何か加工するのではなく、食べ切れなかった分を冷凍庫に放り込むだけ。アイス代わりにそのまま、気の向くまま、つまんでいただく。

〝幻〟の一粒を探せ

ブルーベリーは熟し切ると落下する。しかし、ごくたまに落っこちないで粘り続ける実があるそうだ。見た目はしわくちゃで干しブドウみたい。木になりながら半分乾燥したかのような状態だ。その味はというと、水分が抜けて風味と甘みが凝縮し超濃厚。この〝幻〟の一粒に出会えるのは摘み取り園だけ。

ラビットアイ系

ハイブッシュ系

横浜版

もぎ取り・掘り取りの旬カレンダー

★収穫体験のできる農園情報は、P154をご覧ください。

最盛期

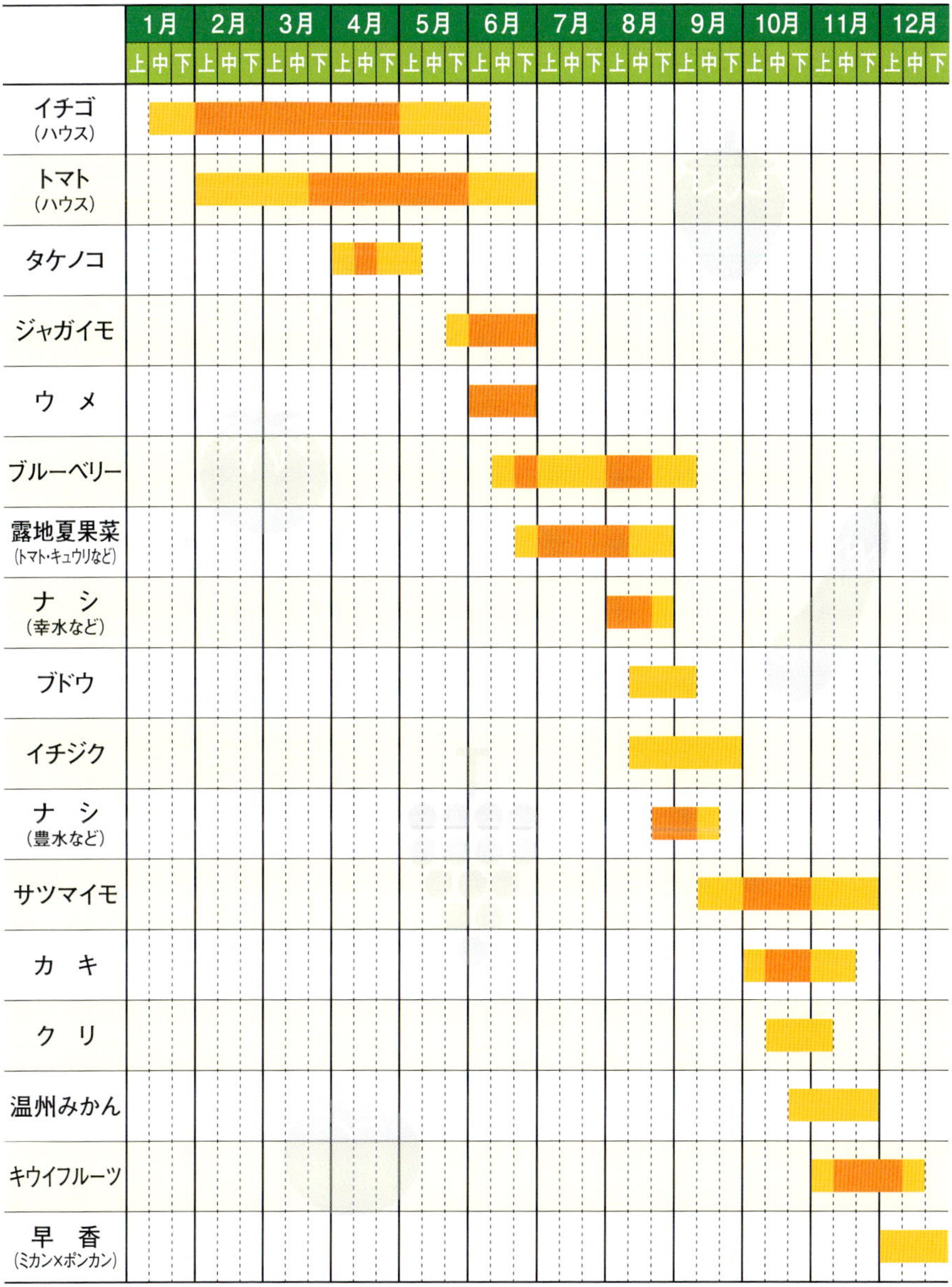

※品種や地域、天候により収穫時期が前後します。もぎ取りや掘り取りをしない時期、園がありますので、ご注意ください。

目の前に果物がぶら下がっていたら…

想像してみよう。大航海時代に見知らぬ島国にたどり着いた船員の目の前に、果実が枝も折れんばかりに実っていたらどうするだろうか。

たぶん、もぐだろう。

サルから引き継いだ遺伝子なのか、果物の収穫にはヒトの本能に訴えかける何かがある。

横浜では各地で果樹のもぎ取りや野菜の収穫体験が行われている。地方の観光地の特権と思われがちなもぎ取り園だが、横浜ならではのバリエーションや楽しみ方も見逃せない。

「ちょっと果物もいでくる」。庭先の延長線上にあるような、そんな気軽なもぎ取りが楽しい。

もぎ取りのコツ

もぎ取りは自然が相手。太陽が十分なら甘みも味ものるし、猛暑や渇水で実付きが鈍れば受け入れられる量も減る。台風ならあきらめないといけないし、まずは普通のレジャーとは違う〝心得〟が必要となる。

季節は旬の真っただ中がいい。ただしテレビで見掛ける産地の旬と横浜の旬は異なるので注意が必要。また天候の影響で市内でも毎年同じではない。早ければ若い実が多く、遅ければ大きな実は先客のものに。見極める肌感覚も大切だ。初めてなら農家の方に「おいしいタイミング」を聞くのも一つの手だ。

さらに「確実に」という食いしん坊なら、農家が案内してくれるエリアで収穫しよう。完熟の具合は木によって違う。その畑のことを一番知っているのは育てた農家だから、間違いない。

平戸の果樹の物語

「こんな土地にナシを植えたって実などなりはしない」。始まりは引き売りの農家が、種屋の軒先に売れ残っていたナシとモモの苗を持ち帰り、畑の片隅に植えたことだった。

今でこそ市内有数の「浜なし」のもぎ取りが楽しめる「平戸果樹の里」として知られる平戸地区。しかし、かつては歩けないほどの傾斜地が多く、稲作には不向きで自分で食べる分の米が精一杯。野菜を作り、南区や中区に引き売りに行く小さな農村だった。

外野の声を受けながらも産声を上げた果樹栽培は平戸の土に合い、すくすく育つ。やがて引き売りの荷として街に出て行くと「美味しい」という歓声で出迎えられたという。その後、1970年代には栽培が本格化し、現在のようなもぎ取りも始まった。同地区の岩﨑健三さんは「引き売りから始めて、もぎ取りに来てくれたときのうれしさは忘れられない。ナシもさることながら、お客さんとの会話が楽しみ。人と人とのつながりを大切にし

上：門倉さん／中右：料理教室／中左：てのひらにイチジクで“にっこり”／下右：カートンドックを召し上がれ／下左：サトイモ掘り

Happy Time, Yours Garden

ユアーズガーデン

夢を描く年ごろに自然と触れ合う体験を―。名瀬地区の高台で四季を通じてブルーベリー、イチジク、柿などの果樹が楽しめる「Yours Garden」(門倉麻紀子代表)は、通常の摘み取りのほか親子向けの摘み取りにも力を入れる。

「幼稚園から小学校３年生ぐらいまでは子どもも嫌がらずに親子でできるし、思い出として記憶に残るでしょ」。門倉さんが体験農園を開く思いはそのまま、自身の体験につながる。

幼いころ母と一緒に耕した菜園の土の匂い、乳搾りと牛乳の味―。元客室乗務員の経歴もあり華やかな舞台で活躍してきた。しかし、お嫁にきた横浜の農家での子育てを経てにじみ出たのは、「都会の親子にも気軽に体験してほしい。みなが集まれる場所を作りたい」という思いだった。

タケノコ掘りの後はタケノコご飯、野外で作るホットドック「カートンドック」、完熟イチジクの摘み取りや冬野菜の収穫とけんちん汁。半日遊べて、一緒に食べる。お昼ごはんまで楽しめるから、子育て中の母親には楽で参加しやすい。「キッズレンジャー」と名前も小粋なイベントの数々は、毎回定員オーバーの人気だ。

ガーデンのシンボルの芝生広場。広がる空の下、輝く瞳と笑顔が満開だ。

\教えて！/ 門倉麻紀子さん

イチジクのコンポート

【材　料】(5人分)
イチジク……5個
赤ワイン……200cc(イチジクを鍋に入れ、ひたひたになるくらいの量)
砂糖……50g

【作り方】
❶イチジクは軽く水洗いする。
❷へたを切り皮をむく。味がしみ込むようにおしりの部分を少しカットする。
❸鍋に赤ワインと砂糖を入れ火にかける。煮立ったら①のイチジクを重ならないように入れ、10～15分中火で煮る。
❹火を止め、鍋のまま冷ましコンポートの完成。

★Point
鍋はイチジクがちょうど入りきる大きさのものを使う。煮沸した容器に入れて冷蔵庫で1週間は保存可能。
＊コンポートはアイスクリームに添えたり、ソースをフランスパンにつけていただく。

ています」と温かみにあふれる。

◇

ＪＲ東戸塚駅から南東にわずか1キロの好立地。まるでマンションの軒先に果実がぶらさがっているようなものだ。みなとみらいで買い物とお茶をした1時間後に、すでに袋(エコバッグが今風?)がナシでいっぱいに。そんな不思議な感覚も、横浜のもぎ取りならでは。

朝市 *Farmers Market*

横浜に朝がやってきました—。
週末にいつもより少し早起きすれば「三文の徳」。
農家の笑顔とおいしい地場野菜が待っている。

横浜中部地区市民朝市

「8時過ぎに来て『だれもいなかった』なんてよくある話ですよ」と話すのは同朝市の代表の三村薫さん。販売開始は午前7時半だから、30分足らずで売り切れが続出するそうだ。高校野球の〝聖地〟として知られる保土ケ谷球場がある保土ケ谷公園で開催。普段はウォーキングなどで住民が汗を流すが、「市」が立つ日の朝は活気があふれる。野菜、総菜のほか、アイスクリームも。「野菜を買ってから並んだら売り切れ。今日は最初に買いに来たわ」と常連さん。合図とともに始まり、あっという間に店じまい。元の静かな公園に戻る。

●保土ケ谷公園内ミニ運動広場
●毎月第1、第3日曜(7:30～)
＊雨天中止、1月は休み

にいはる長屋門朝市

鳥の声と森の朝の空気に包まれた小さな市。里山の残る新治のシンボル「にいはる里山交流センター」入り口付近で「長屋門朝市」が毎週土曜日に開かれる。「長屋風」に5軒の農家が肩を並べ、普段はゆったりとした同センターも大にぎわい。開始は9時半。夏なら買い物前に、歩いて5分の谷戸田まで散歩してみるといいかも。「野菜も新治の景色の主役」。そんな農家の言葉がしっくりくるはず。

●にいはる里山交流センター
●毎週土曜

東戸塚市民朝市

30年以上続く横浜市の朝市ではもっとも歴史が古い。東戸塚駅西口から約5分、フィットネスクラブの駐車場が毎週第1日曜日、市場に姿を変える。開始当時は東口駅前がまだ空き地だったので会場に。駅はできたがデパートも何もなかった時代。新住民たちが横浜の農産物を知る絶好の機会となった。今は野菜、果樹、手作り漬物や総菜、花苗など季節の商品のほか、米や味噌など一通り揃う。出店者会会長の齋藤正太郎さんは「毎回会場に来るけど、今まで大根の1本も売ったことがない。でもお客さんや農家が喜んでいる顔を見るのが楽しくて。もっとがんばらなくちゃって」。

●東戸塚駅西口徒歩5分の駐車場
●毎月第1日曜(4～10月＝6:30～8:00、11～翌3月＝7:00～8:00)
＊雨天中止、1月は休み

港北ニュータウンふれあい朝市

農家と住民の〝ふれあい〟の場所を—。そんなコンセプトで平成元年に始まった。市営地下鉄の都筑ふれあいの丘駅、中川駅、センター北駅の3カ所で開催、駅近で交通の便は抜群。農業と都市の両立を目指した港北ニュータウンの思いを引き継ぐ。都筑ふれあいの丘では、夏休みの開催期間にはスイカ割り、年末にはお汁粉、年明けには甘酒。農家の気持ちがお客に届く。いずれも野菜、切り花、鶏卵など7～8軒の農家が集まる。

●センター北駅コンコース内 毎週火・木(13:00～)
●中川駅徒歩1分「烏山歩道橋下」 毎週日曜(6:30～)
●都筑ふれあいの丘駅徒歩1分 毎週日曜(6:30～)

朝市の魅力はなんと言ってもまぶしい朝日に輝く活気と笑顔。自然と元気が湧いてくる。野菜や総菜も安くておいしいが「元気」は無料。もとい、プライスレス。地元の市に出掛けてみませんか？

東海道線から見える牛舎の風景。横須賀線からは「MILK」の屋根が見える

酪農都市 ヨコハマ

「MILK」と書かれた屋根が満員電車の車窓に映る。東海道線と横須賀線に挟まれたこの平屋は牧場の一角。その奥の牛舎では毎朝、乳が搾られている。「横浜にも牛がいるの」。そんな驚きの声の一方で、歴史が古く、今もなお息づく横浜の酪農の姿がある。

子供も大人も男子も女子も夢中のソフトクリーム。口の端には白いクリームの跡。くだんの車窓の向こうには、そんな幸せな風景がある。アイス工房「メーリア」(戸塚区品濃町)。肥田牧場(同)の直営店。サッパリとコクのある味を支える源は牛乳。約100メートル離れた同牧場で作られるジェラートの〝命〟だ。また、地場のトマトやナシなど季節の素材を使ったシャーベットは果実感たっぷり。

横浜は牛乳とゆかりが深い。国内のアイスクリーム発祥の地とされ、5月には馬車道(中区)で祭りが開かれる。横浜の「ハイカラ」気質に似合う。牛乳もしかり。県乳業協会の隈元啓佑常務理事は「開港時に近代的な酪農の技術が全国に先駆けて横浜にも入り、千葉や横浜に根付いた。牛乳を国内で最初に販売したのは横浜」と話す。日本の酪農の歴史に、横浜は大きな足跡を残す。

その系譜は今に続く。牛乳は生もので鮮度が重要なため、加工から消費までの時間が短い方がよい。神奈川県の生乳の処理量は北海道を除く内地で堂々の全国1位。東京、横浜という大都市を支える。

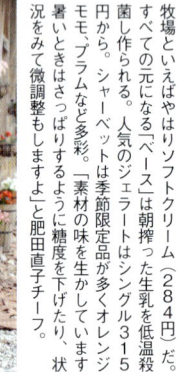

肥田祐子さん

牧場といえばやはりソフトクリーム（284円）だ。すべての元になる「ベース」は朝搾った生乳を低温殺菌し作られる。人気のジェラートはシングル315円から。シャーベットは季節限定品が多くオレンジ、モモ、プラムなど多彩。「素材の味を生かしています。暑いときはさっぱりするように糖度を下げたり、状況をみて微調整もしますよ」と肥田直子チーフ。

横浜と牛乳。開港以来のよいお付き合いをしてきたわけだが、急速な都市化にお互いとまどいを見せる。においの問題、「水より安い」（乳業関係者）と揶揄《やゆ》される価格安。飼育頭数は減少し、現状は厳しい（P101）。アイスなどの加工品は、付加価値をつけ収益化を図り、酪農を続けたいという農家の懸命の努力の産物だ。東戸塚駅の開業を契機に付近に高層マンションが林立。肥田牧場はかつてはさく内での放し飼いだったが、家族経営で続けるために頭数を減らし牛舎での飼育に切り替えた。そして経営の新しい柱としてアイス工房をオープンさせた。

同牧場の肥田祐子さんは牛乳を味わってもらうこと、そして酪農を知ってもらうことが、何より大切だと考えている。マンション住まいの人が散歩がてらに訪れて一休み。ある時、父親と高校生の息子がお店に来た。「『おいしいアイスがあるから食べに行こう』と2人で来たそう。そんな場所を作れたことがうれしい」と顔がほころぶ。牧場には季節の花を咲かせ、草むしりも欠かさない。小学生の見学も受け入れてきた。

「牛乳は本当は牛が子牛にあげるもの。それを分けてもらっているから大切にしないと」。そう語る酪農家の目は優しい。牛（もちろん豚や鶏も）とともにいつまでも暮らせる街。そんな〝優しい街〟は素敵じゃないか。

10 瀬谷

相澤良牧場

平地が広がる瀬谷区内で親子3代、熱心に酪農に取り組むのが相澤良牧場。県内外の品評会で数々の賞を受賞するほか、オリジナルの「ハマッ子牛乳」が看板商品だ。

ちゅるりと横浜のプリン

「コクがありサッパリ。飲んだときにパッとひらめいた。うちの看板メニューの一つ」とミクニヨコハマの難波秀行料理長は言う。牛乳の風味を生かすために加熱は160℃程度にするなど、特別な技法で仕上げる。その喉ごしはとろけるようにするするとしつつも、牛乳のさわやかな後味が残る。卵は同じく市内産の織茂養鶏から。イチゴ、青リンゴ、ナシなどソースも市内産が大半というまさに横浜のプリンだ。

ハマッ子牛乳

同牧場の生乳だけで作った横浜産牛乳。生産量が少ないためにやや割高だが、市販のものより甘いとか。「脂肪分など季節により変わる味をお楽しみください」とのこと。賞味期限は5日間。1瓶900mlで580円。

子牛の旅

メスの子牛は将来の牧場の担い手。「かわいい子には旅をさせろ」ではないが、生後約6カ月を過ぎるころ広々とした牧場に預けられる。自由に草をはみ、足腰が鍛えられる。東北や北海道のほか、県内なら大野山牧場（山北町）がある。妊娠してしばらくすると産まれた牧場に戻り、最初の出産を迎える。〝お母さん〟が旅の終着点だ。

生後約２週間の子牛＝相澤良牧場

牛乳は与えるエサや手間など牛の育て方でコクが出たり甘みが出たり味が違うという。相澤良牧場ではラウンダーで運動をさせ、エサも工夫する。

現在は火曜日の夜に搾乳した生乳を水曜日の未明に工場に届け、木曜日の未明に取りに行き、そのまま配達。その日に店頭に並ぶ。「木曜日が本来の味に一番近い」と相澤さん。なお、出荷量は週に200キロ程度。同牧場の全体量から見るとまだわずかだ。早朝の運搬は、道路が込まない時間を選んでのこと。

デイリーマンたちの夜明け～ハマッ子牛乳ルポ～

午前3時。若い酪農家はいつもより2時間だけ早起きして、生乳を容器に注ぐ。車に積み込み向かう先は東京都内の牛乳処理工場。横浜産牛乳として人気の「ハマッ子牛乳」（相澤良牧場・瀬谷区阿久和南）を届けるため、小さな冷蔵車が未明の街に走り出す。

「自分たちが育てた牛の新鮮なミルクを飲んでほしい。おいしいですよ」。ハンドルを握る同牧場の相澤宗明さんは言う。自分の牧場だけの牛乳を売る―。野菜と同じ目で見ると当たり前かもしれないが、牛乳ではとてもハードルが高い。搾りたての生乳は殺菌などの加工をするため、一般的には集乳車が各地の牧場を回り工場に運ぶ。生乳はタンク内で一緒になってしまうのだ。また工場サイドが一つの牧場のために製造ラインを空けることは、コスト面で現実的でない。

だから相澤良牧場は少量でも加工してくれる県外の工場に持ち込み、自分で取りに行き、直売所やレストランに配達する。往復60キロを週に2回。ガソリン代を引くと儲けはほとんどないが、それでも牛乳で勝負をしたい、そんな酪農家としての意地がにじむ。イベントで小学生から聞いた「この牛乳、給食のよりうまい」という声が始まりだ。宗明さんの父で同牧場代表の緩始さんは心の中で「そうか、うまいか！」。なら、やろう。

4時。すれ違うのは新聞配達と大型トラックぐらい。冬は眠気対策で暖房を控えた車内は寒い。

[横浜市の乳牛の飼育状況推移]

	戸　数（戸）	頭　数（頭）	1戸当頭数（頭）
昭和35年	745	3300	4.4
36年	692	3705	5.4
37年	634	4250	6.7
38年	616	4519	7.3
39年	576	4884	8.5
40年	504	5101	10.1
41年	412	4872	11.8
42年	316	4530	14.3
43年	307	4545	14.8
44年	275	4425	16.1
45年	238	4393	18.5
46年	215	4050	18.8
47年	190	3575	18.8
48年	172	2830	16.5
49年	166	2909	17.5
50年	151	2869	19.0
51年	145	2718	18.7
52年	135	2743	20.3
53年	129	2667	20.7
54年	127	2671	21.0
55年	126	2467	19.6
56年	120	2573	21.4
57年	112	2505	22.4
58年	103	2314	22.5
59年	99	2339	23.6
60年	90	2209	24.5
61年	88	2178	24.8
62年	83	2124	25.6
63年	77	1959	25.4
平成元年	72	1954	27.1
2年	71	1822	25.7
3年	60	1683	28.1
4年	56	1692	30.2
5年	53	1582	29.8
6年	46	1386	30.1
7年	43	1295	30.1
8年	38	1135	29.9
9年	34	985	29.0
10年	33	1007	30.5
11年	28	962	34.4
12年	28	901	32.2
13年	25	794	31.8
14年	22	741	33.7
15年	22	717	32.6
16年	22	755	34.3
17年	21	708	33.7
18年	19	650	34.2
19年	19	638	33.6
20年	19	638	33.6
21年	18	551	30.6
22年	18	579	32.2
23年	18	567	31.5

※横浜市環境創造局調べ

激減する横浜の牛・豚・鶏

少数精鋭の生き残り—。乳牛、豚、鶏と横浜市内の畜産でおおむね共通しているのが、農家戸数と頭数が減少し、1戸あたりの飼育頭数が増えてきたという状況だ。昭和40年代は都市化の影響を受け戸数・頭数ともに激減。廃業だけではなく市外や県外への移転もある。この間1戸当たり頭数を増やし規模拡大してきたが、10年前からは価格低迷や飼料高などからほぼ横ばい状態だ。横浜市内の現在の飼育頭羽数は乳牛567頭、肉牛556頭、豚11,313頭、採卵鶏27,568羽（平成23年2月現在）

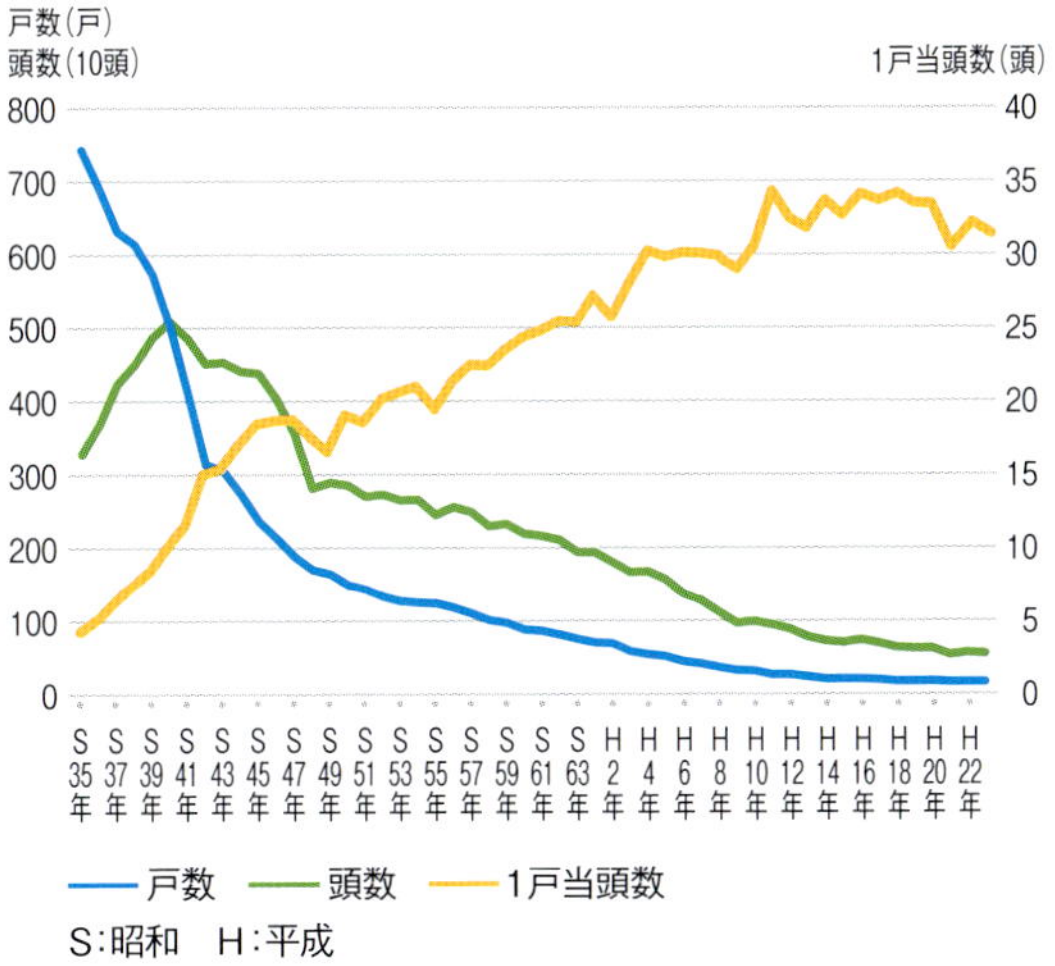

それでも眠気が迫る。宗明さんは「友人と話すと、この仕事は何でこんなに大変なんだろうと感じる」。就農3年目の若者の本音だろう。しかし北海道での修業時代に仲間たちと話した経験に触れ、こんな牛乳の売り方やアイスなどの加工品を通じて、牧場と消費者が直接かかわれる可能性について「北海道ではやりたくてもできない。（横浜でやらないのは）もったいないし、もっと交流して酪農を知ってほしい。子供と子牛が触れ合えるイベントなんていいな」。街路灯に照らされたその目は輝いていた。

5時半。牧場に帰ると駆け足で車を降り、牛舎の掃除を始めた父親たちと合流する。〝ミルク〟のように真っ白い息を吐きながら搾乳の準備を終えたころ、ようやく東の空が明るくなり始めた。

朝もぎの幸せ

瀬谷のトウモロコシ

午前6時。淡い黄緑色の薄皮にくるまれた黄色の実が朝日を浴びてうっすら光る。「いいトウモロコシはさあ、真珠みたいな光沢があるよ」と上瀬谷地区でトウモロコシを約70a育てる平本順一さん。もぎたてを畑で、言われるがままに生でかじると〝果汁〟がしたたる。すこぶる、甘い。〝果物〟と錯覚する。

海軍道路を挟んですぐの直売所に並ぶまで1時間もかからない。8時の開店前から客が集まり、即座に5本、10本と売れていく。なくなればすぐに畑から補充だ。通称「学校前」と呼ばれる上瀬谷直売所では、1本100円というお値打ち価格もあって、多い日には3000本以上売れることもある。

周辺の直売所にも品種が書かれたのぼりが立ち、ちょっとしたにぎわい。同地区の農家、高橋清さんは「こだわりなんて特にないけどな、でもやっぱり『もぎたて』かな。朝から忙しいよ。でも瀬谷のモロコシ農家でこの時期に風邪をひいたなんて話は、聞いたことねぇな」と笑う。

横浜でトウモロコシが始まる6月下旬。市内でもっとも作付面積(※1)が多い上瀬谷地区は、にわかに活況を呈する。

同直売所の開店直後に20本を買っていった男性は言う。「ペロッて食べちゃうよ。妻が1日に1人で10本。さすがに娘にしかられていたよ」。朝もぎの味は格別だ。理由はシンプルで、トウモロコシは夜に栄養分を実に蓄えるが、日が出始めると成長にその養分を使ってしまう。そのため、朝に収穫すると味がよいというわけだ。また、収穫後1日も置けば、甘みや栄養価は半減すると言われている。

畑に近接する直売所の強みがいかんなく発揮できる野菜の一つ、トウモロコシ。高糖度をうたった北海道産や山梨県産がネット販売で売れ行きを競っているが、どうやってもこのスピード感は無理だろう。横浜で食べる横浜産の味、推して知るべし。

人によっては夏休みのおやつを想像するかもしれないが、その多くは北海道産の旬に由来する。横浜での旬は6月下旬から7月中～下旬まで(※2)。8月以降は虫の害が多く、温暖な関東平野では栽培管理が難しいという。ちなみに9月ごろに直売所に買い求めてくる人もいるとか…。

横浜のトウモロコシには確実に旬がある。朝もぎをすぐ食べられる幸せが、実はすぐ近くにある。

※1　1011a／3269a(瀬谷区／横浜市 2005年農林業センサスより)。市内産の約1／3が瀬谷で作られている

※2　取材した2011年は初収穫・販売が6月23日、終了は7月20日ごろ

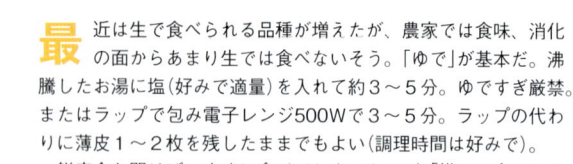

買ったらすぐにゆでる

【おいしい食べ方】

最近は生で食べられる品種が増えたが、農家では食味、消化の面からあまり生では食べないそう。「ゆで」が基本だ。沸騰したお湯に塩(好みで適量)を入れて約3～5分。ゆですぎ厳禁。またはラップで包み電子レンジ500Wで3～5分。ラップの代わりに薄皮1～2枚を残したままでもよい(調理時間は好みで)。

鮮度命と聞けば、すぐに食べてしまいたいが「慌てて食べなくたっていいよ。でも持って帰ったらすぐにゆでなよ」と高橋清さん。これはおいしさの元である養分を消費してしまう実の細胞を加熱によりストップさせるということ。理にかなっている。「買ったらすぐにゆでる」これが大切。

朝もぎの今昔、なぜモロコシ?

朝もぎの歴史は最近始まった訳ではない。「市場出荷がメーンのころはヘッドライトをつけて午前3時ごろから収穫したよ」と清さんの父・晃一さん。朝もぎが1本100円、夕もぎは50円というときもあったそう(もちろん現在も同様に未明から収穫する農家もある)。また瀬谷地区でトウモロコシがさかんになった理由については、「上瀬谷農業専用地区は市内の農専の中で最大級の農地(80ヘクタール)。1人あたりの面積も多く、栽培面の手間や作業の効率がよい点などが好まれたのでは」(横浜市南部農政事務所)と話している。

ひげの秘密

ふさふさのひげがいい―。トウモロコシのひげの本数を数えると粒の数が分かる。トウモロコシは1本に雄しべと雌しべが別々にできる。株の〝てっぺん〟にできるふさふさした穂は雄しべの集まり。雄穂とう。少し遅れて葉の脇に雌穂ができる。これがいわゆるトウモロコシの「ひげ」である。ひげの1本1本が雌しべで、雌穂の中の胚に繋がっている。風で運ばれてきた別の株の花粉がひげの先につくことで受精し、粒(1つ1つの実)になる。

実がよくできているトウモロコシを食べたいなら、ひげをよく見よう。ひげの茶色が濃く、豊かなものを選ぼう。反対にひげの色が薄く、数が少ないものはできが悪い。ちなみにひげは「南蛮毛」と呼ばれて薬になる。干して煎じて飲むと利尿効果があり、むくみ解消にも有効。

“瀬谷自慢”に行列必至

JA横浜 瀬谷農産物直売所「ハマッ子」

春から初夏に山積みされるトマトは連日売り切れ。続くトウモロコシ、早生ラッカセイ、「まゆだま」（1袋500ｇ ／ 約500円）と、数量を誇りながらも旬の目玉がずらり。毎日の豊富な露地野菜が特徴だが「たまに珍しいものも並ぶのでちょくちょく探しに来て」と店長の斉木修次さん。瀬谷特産「軟化うど」は希少な産物。海軍道路沿いの桜並木見物とともに訪れたい。運がよければ春の香りを享受できよう。

瀬谷区本郷2-32-10　☎045（304）9599
交 相鉄本線瀬谷駅徒歩15分
営 9：30～17：00　通年（年末年始除く）
P 10台
i 野菜・果物・花・加工品・卵
S 新米、カーネーション切り花

露地野菜の宝庫

上瀬谷直売所グループ

６月下旬皮切りの“トウモロコシ月間”は瀬谷の風物詩。海軍道路から西に約100m、“大売り出し”ののぼりがはためく。販売台や脇のコンテナに、鮮度が命の「1本100円也」が無造作に積み上げられ、常連客は開店早々ひっきりなしだ。周辺は70haを超える農地。９軒の農家が壮大な土地の味わいを凝縮し提供する。取材時、ゴロゴロと転がるスイカに夏を感じつつ、来春も出会えるだろうかと、“軟化うど”に思いを馳せた。

瀬谷区瀬谷町7634-2
交 環状４号線「上瀬谷小学校東側」の交差点を西側へ。上瀬谷小学校前
営 8：00～売り切れまで　通年
休 年末年始、お盆
i 野菜
S ブロッコリー（11～3月）、こまいも（11～1月）、サツマイモ（10～2月）

農のセレクトショップ

あい菜ふぁ～む（グリーンファーム戸塚店内）

「ワクワク楽しい、地元横浜と全国のこだわりグルメ横丁」―。うたい文句に負けじと、地場産、県産はもとより全国津々浦々の特産・名品が40坪に続々集結。ポップや手作りちらし、畑からのビデオレターで作り手や商品の個性をアピールし、野菜ソムリエのレシピ講座や乳搾り体験（生キャラメル＆ミルク付き ／ 300円）、信州のリンゴ即売会と客をひきつける演出も。恒例のトマト祭では多種多様な自信作の味見ができる！

瀬谷区阿久和南3-22-2　☎045（363）0187
交 相鉄いずみ野線いずみ野駅徒歩17分。または神奈中バス「三ツ境駅」行き「山王塚」バス停下車すぐ
営 9：30～18：30（冬期～18：00）
休 年始（三が日）、月（１、2月のみ）　P 130台
i 野菜・加工品　S トマト・キュウリ（周年）、浜なし（8月末～9月末）、ズッキーニ（6、7月）

フェイスtoフェイスの安心を贈る

フジ橋戸店

入り口正面の「瀬谷地元野菜」コーナー。開設当初から木製の看板・野菜棚は“来店と同時に季節を感じてもらえる場所に”との優しい心配り。地元農家が早朝出荷した、正真正銘の取れたてが並ぶ。ジャンボラッカセイ、アスパラ菜、ターサイなど目新しい野菜は食べ方も兼ねポップで紹介、生産者の顔写真も展示されている。夏の果菜、冬野菜の時期は出荷数量ともに増す。開店9年目の試みは固定ファンもうれしい。

瀬谷区橋戸2-36-1　☎045（306）2311（代表）
交 相鉄本線瀬谷駅徒歩15分、北口バス1番乗り場「立場ターミナル」行き「北新東」バス停下車徒歩1分　営 9：00～25：00　P 185台
i 野菜　S “若採り”トウモロコシ（7月）、つくねいも（12、1月）、黒小玉スイカ（7～9月）

i 取り扱い品目　S 旬の商品

室内を真っ白に染めるウド

夏のウド

ウド month 3〜5

地下に芽吹く春

ウドが忙しくなり始めればもう春。「ウド穴」と呼ばれる地下5メートルの室（むろ）には、真っ白いウドが一斉に伸びる。

幻想的な栽培風景と季節感から収穫の時期が注目されるが、ウドを育てるのは1年がかり。春に地上の畑に植えて夏、秋と株を育てる。冬に地上部が枯れると1月から根株を掘り上げ、いよいよ最終工程だ。

「春が訪れたと錯覚して伸びるんだよ」。1月下旬から2月、ふせ込んだ根株にたっぷり水を与え、室を石油ストーブで温める。収穫まであと45日程度だ。50年のキャリアがある高橋洋さんも、「室の管理が重要。水の調整と、温度は18℃に。ウドは『愛児』。話せないから目でよく見て判断し、愛情を込めれば心はつながる。ウドの声に耳を傾けている」と話す。

現在は注文販売が大半で、直売は限定的。運が良ければ「ＪＡ横浜 瀬谷農産物直売所 ハマッ子」（Ｐ105）で味わえるかも。

米軍の通信基地があった上瀬谷地区では、通信障害が起きないよう地上での農業が制限されていた。1968（昭和43）年に3000万円を投じ、竪穴でのウド栽培から横穴・地下軟化室を共同利用する栽培へと移行した。11本の通路の両側に14㎡の室が88室ある巨大な施設だ。

65cm程度に成長したウドを収穫する

洗い終わると辺りはほのかにニンジンのいい香り

播種後約30日。発芽がそろうことが大切だ

安納芋の焼き芋

ツルを刈りながらサツマイモを
掘る青木さん。重労働なので普
段は管理機を使う

サツマイモ *month 11〜2*

ねっとり甘い秋と冬

芝居浄瑠璃芋蛸南京―。耳覚えのあるこのフレーズ。女性の好物をうたったとされる文句の中に登場する「芋」。ここ横浜には江戸時代に伝わったとされる甘藷《かんしょ》、サツマイモのことだ。市内では泉、瀬谷、戸塚など西部で栽培が盛んだ。

強壮で生育力が旺盛なサツマイモは手間がかからず横浜では5月に植え付けをし…などと云々する前に、「甘くてホクホク、もしくはネットリとしたサツマイモを食べたい！」と本音で語るべきか？　買ってはみたものの甘みが微妙じゃ、やるせない。

瀬谷区で代々サツマイモを作っている青木和昭さんは、「サツマは手間をかけなくても育つ。それは工夫をするポイントが少ないということで『美味しい芋』を作るのは実は難しい」と話す。こだわるのは土。「『地力』が大切。うちはサツマイモと青草とを交互に育てて、青草の葉や茎を裁断して土にすき込む」。

横浜では９月から収穫が始まる。秋の味覚の印象が強いが、甘みがのってくるのはもっと寒くなってから。県内で昔ながらの壺焼き芋の店を開く「やきいも日和」の店主、長橋徹さんは「12月からが美味しいです。年明けの１、２月がねっとりとして一番甘みが強い。逆に早いとホクホク感が強くなる。ベニアズマはほっくり、安納芋などがねっとりの代表選手ですね」。

素材選びとともに“熟成”も重要なサツマイモ。まずは、ワインよろしく『寝かせる』ことから始めてみよう。ただし寒さに弱い。一般的に５度以下になると腐り出すとも言われているので貯蔵は室内※。これだけはお忘れなきよう。

※「温度変化が少なく温かい場所がいい。年を越しての貯蔵は一般家庭では難しいかも」（長橋氏談）

ニンジン *month 1〜3*

暑さに耐え寒さにもまれ

カレー、煮物、天ぷらと使い勝手がよく栄養価も高いニンジンは台所の強い味方。最近は紫色や黄色などよりカラフルなもの、クセのないものが出回り存在感を増している。市内で最も生産が盛んなのは瀬谷区。手軽で人気の野菜、ニンジン。しかし最初と最後に一苦労がある。

中屋敷地区でニンジンを共同出荷する高橋一正さんは「雨が降らないと種がまけない。大雨だと流れる。発芽までが難しい」と言う。ベストは７月20日から30日。ニンジンは湿り気がないと発芽せず、光を必要とするので土を浅くかける。だから種が乾きやすく、かつ雨で流れやすい。この時分のカンカン照りとゲリラ豪雨は大敵だ。

そして収穫のピークは１月から３月。市内でも特に寒いと言われる瀬谷の真冬の作業だ。年が明けると午前は土が凍るため掘るのは午後。翌日の午前に水洗いをする。「寒いね。でも霜にあたるとおいしくなる」と高橋さん。真夏と真冬。二つの季節にもまれて食卓に届いている。

品種と地域により通年栽培できるため、常に野菜売り場にあるが、横浜産は12月から３月にかけてが旬。だが、直売所では春や夏にも新鮮な地場産を見かける。これは品種選びなど農家の工夫の賜物だ。

いずれの季節も葉付きのニンジンを見つけたら、鮮度に自信がある証拠。生だと特有の臭みはあまり感じず、甘みとカリッとした歯応えがある。ニンジン嫌いの子どもには、むしろ食べやすいそうだ。

八幡耕地の水田
境川沿いに残る、区内唯一の水田。風が心地よく吹き抜ける

若宮八幡神社

地域の鎮守様
イチョウの大木が見事。境内でしばし休もう。上瀬谷公園に続く階段が右手に …

上瀬谷公園

区の花木、アジサイやケヤキが植えられている

上瀬谷農業専用地区(市内最大級92ヘクタール)
春には南北に走る海軍道路の桜並木がピンクの帯状に続く。7月下旬まで収穫のトウモロコシやうど、動物園に供給される青草(P.71)も栽培する。

うどの花

トウモロコシ畑

海軍道路
約3キロ続く並木道は桜の名所

あじさいの里「白鳳庵」

個人の邸宅に約3000株のアジサイが!
※シーズン中無料開放

瀬谷中央公園

広場のほか、こどもログハウス「まるたのしろ」がある　※中学生まで利用可

ちょっと寄り道

高橋ぶどう園 map★
ブドウの直売
営 火・木・土・日(8月上旬~)

瀬谷のうど P.106
市内唯一のうど栽培所
上瀬谷直売所(P.105)、瀬谷農産物直売所「ハマッ子」(P.105)で購入可

ビール麦畑
瀬谷産大麦の地ビールは関内の「驛の食卓」で味わえる

Map B 古川さんの直売所

営 9:30~売りきれまで (6~8月、11~1月 天気の良い日

Map 6 瀬谷農産物直売所「ハマッ子」

P.105

Map A 大塚忠利さんの直売所

朝どり野菜を販売

営 4:00~売りきれまで 月・水・土 (5~12月)

Map C 守屋浩さんの直売所

季節の野菜販売。個人の直売所としては珍しく漬物も扱う。ソフィア洋菓子店にスイートポテトの原料ベニアズマを提供

営 14:00~18:00月・水・金　休 祝日

ソフィア洋菓子店 Map D

瀬谷区瀬谷4-8-13
☎ 045-302-5708

瀬谷産ベニアズマは瀬谷の名品「スイートポテト瀬谷」に=守屋農園のサツマイモで商品化(9~3月くらい)瀬谷産イチジクはバナーネ。ロールケーキ、タルトに(写真)=相原ブドウ園のイチジク

上瀬谷

所要時間　1時間40分
歩行距離　5.1km
（バス乗車時間除く）

大きな畑と空に抱かれて

春は桜の海軍道路、初夏は緑のモロコシ畑。
でっかい瀬谷は季節感もダイナミック。大きな畑と広がる青空がお出迎え

1時間に2,3本程度

相鉄線 瀬谷駅 → バスロータリー①番乗り場 → 神奈中バス 間14・15㊋ 鶴間駅東口行き → ❶「馬場屋敷」バス停 → 12分 650m → ❷若宮八幡神社 → 2分 90m → ❸上瀬谷公園 → 7分 360m → ❹嶋森直売所 → 15分 800m → ❺上瀬谷直売所グループ → 27分 1350m → ❻瀬谷農産物直売所「ハマッ子」 → 4分 200m → ❼瀬谷中央公園 → 11分 550m → ❽あじさいの里「白鳳庵」 → 22分 1100m → 相鉄線 瀬谷駅

嶋森直売所

上瀬谷直売所グループ

瀬谷農産物直売所「ハマッ子」

Map ❹
畑直送!
トウモロコシは「ゴールドラッシュ」
嶋森直売所

営 8:30～14:30 火・木・日（10～3月夏場は毎日）

Map ❺
上瀬谷直売所グループ

P.105

豚への愛情をいただく

おいしい豚を—。養豚家の思いは一つだ。受胎、出産、子豚、そして出荷まで、養豚家は豚の一生を通じて面倒を見る。生育環境からエサに至るまで、徹底的な肉質へのこだわりは、豚という生き物への愛情そのものだ。

「プギ、プギ」。電灯をつけただけで子豚は大慌て。豚は繊細な動物だ。人間と同じで音や温度がストレスとなるが、特に注意を払うのが病気。「季節の変わり目などは風邪をひきやすい。寒暖の変化、ほこりは少なく。人間でも快適と思える環境に近づける」と市内最大規模の約5000頭を飼育する横山養豚（泉区）代表の横山清さんは言う。衛生的な場所を整えることは一番の仕事。不健康や生育の遅れは肉質（＝おいしさ）に大きく影響するからだ。エサも重要だ。大理石の模様に由来する「マーブリング」という脂身の入り方やきめ細かい肉の繊維。出荷前になると1日に3キロ近くエサを食べるため、何を食べさせるかが重要だ。一般的にはバランスの取れた配合飼料で体をつくり、最後に麦やトウモロコシなどの穀類で仕上げる。

品質の優れたものだけが横浜産のブランド「はまぽーく」として店頭に並ぶが、地場での直売の場合は「出荷して終わり」とはいかない。北見畜産（戸塚区）の北見信幸代表は系列の「ハム工房まいおか」で精肉も扱う。肉にして初めて分かることも多いため、出荷した豚の肉質は常にチェック。「生育の早い遅いで肉がべたついたり、肉汁が流れたり。色合いなどもよく見ないと」。結果はすぐに飼育現場に戻す。新しい系統を試す場合はさらに念入りに。消費者が近いからこそのこだわりだ。「はまぽーく」は出荷後、約1週間で店頭に並ぶ。流通が早いので冷凍になっていないのが特徴。これも食味に大きくかかわる。おいしく食べてほしいという関係者の思いだ。

昔から豚は農家にとって当たり前の生き物だった。残さで育て、肥料を取り、大きくなれば売られ、食べられてきた。元々はイノシシだが、家畜化され体つきも円筒状になるなど、いわば人間の都合のよいように改良され続けてきた。乳や卵なども活用できる牛や鶏とは異なり、豚はほぼ肉に用途が限られていると言っていい。ある養豚家は「豚は生まれてから半年しか生きられない。だから、おいしく食べてもらえるように育てないと」と話してくれた。私たちはその愛情をいただいている。

出荷を直前に控えた成豚の成育状態を
確認する横山清さん（横山養豚）

母豚の乳を飲む生まれたば
かりの子豚を見守る北見信
幸さん（北見畜産）

〝優しい〟「はまぽーく」

おいしさも優しさも―。横浜産ブランド豚「はまぽーく」は、おいしさだけでなく、環境に〝優しい〟豚肉だ。食品の有効利用。人と豚との理想的なかかわり方の一つが今に続いている。

豚は元々、何でも食べる生き物だ。農家が出荷できない野菜クズなどをエサにしてきた歴史が物語るとおり、都市では飲食店の食べ残しやおからを利用していた時期もあった。しかし夏場に品質が落ちるなど、肉質にかかわるため、今ではそのまま使われない。

ただ、「循環型」の精神は受け継がれている。現在は飲食店などの食品廃棄物を冷蔵車で回収後、乾燥させて塩分や油分を除き、品質のよい飼料へと生まれ変わらせている。食品循環型飼料「エコフィード」と呼ばれ利用されているのだ。

「はまぽーく」の条件の一つが、このエコフィード※を利用していること。１～２割程度を混ぜて使用する。ほか養豚家によっては、パン工場から出るパンの耳や規格外のクッキー、防災備蓄用の乾パンなどを上手に利用する人も。「豚は何でも喜んで食べる。残り物というと聞こえが悪いけど、元々人間が食べるものだから一番安心だと思うよ」。「はまぽーく」は、日本が世界に誇る「もったいない」の精神を引き継いでいる。

近代的な施設で育つ豚たち（横山養豚）

※食品循環型飼料。市内のホテルの調理くずやパン工場の製造くずなど、ごみとして捨てられる食品を再利用した飼料。

豚の系統L・W・D・H・B

L、W、D、H、B？　豚にとって大切なこのアルファベット、何だろう？　答えは豚の品種の頭文字。「三元豚」「黒豚」など、精肉コーナーで見かけるブタの銘柄も、このアルファベットで読み解ける。

「味」「肉の量」「丈夫さ」。豚にとって大切な要素は多々ある。すべて兼ねそろえた品種があればそれにこしたことはないが、そうもいかない。味は素晴らしいが身がつかない、肉質も量もいいが産む子豚が少ないなどうまくいかない。

「L」はランドレース種。体が長く多産だ。「W」は大ヨークシャー種。大型で骨格がしっかりしている。「D」はデュロック種。発育と肉質がよい。「H」はハンプシャー種。ロースの面積が多いが肉質はいまひとつで、近年「D」にその座を奪われてしまった。

養豚家はそれぞれの欠点を補うため、異なる品種をかける。一般的に店頭で売られている豚肉が「三元豚」で、メスの「L」とオスの「W」を交配し、生まれたメスにオスの「D」を交配（三元交配）する。横浜の豚もほとんどこの組み合わせで、各品種の〝いいとこ取り〟だ。

さて最後に「B」。バークシャー種というが、肉質が抜群によい。４本の足と頭と尾に白いもようがある以外は真っ黒だ。かなり有名なブランドだから、ここまで書けばもうお気づきだろう。

種付けを終え、妊娠した雌豚（北見畜産）

料理で異なる「食べごろ」

「ゆで卵にする方は7日ほどお待ち下さい」。鮮度自慢の市内の直売所でこんな張り紙を見つけた。確かに卵は新鮮であるほどによい。しかしその〝食べごろ〟は料理により異なるようだ。

「オムレツはふんわりさせるために卵白をこし、しっかり混ぜる。鮮度がよいとこすのが大変」と話すのは横浜ロイヤルパークホテルの髙橋明総料理長。鮮度のよい卵は白身がしっかりしており、これが火を通したときの〝固さ〟につながる。料理別の卵を専門に扱う「小林ゴールドエッグ」の小林真作社長もだし巻き卵は同じ理由で産みたては向かないという。「だし巻きのおすすめはL玉。加熱すると卵白が気泡を作りだしを含む。卵白の比率が高い大きめの卵を選ぶのがコツ」と教えてくれた。なお、ゆで卵は鮮度がよいと殻が非常にむきづらい。

一方で鮮度のよさが生きるのは卵かけご飯。半熟卵もエッグスタンドを使えばむきづらさは関係ないからいいかも。本来の甘みとコクが楽しめる。時間の経過を見ながら調理方法を変えるのが地場産を楽しむコツみたい。

謎を探せ「銀のエッグスタンド」

素朴な料理の味わいを格別にする魔法―。日本郵船歴史博物館（中区）に残る銀製エッグスタンド。外国航路船華やかなりし1930年代、一等客室用で使われていたものらしい。貨客船「靖国丸」の1935年7月27日の朝食メニューには「Eggs : Boiled」の文字が確かにある。「船は揺れるため壊れにくい銀食器が多く使われていた」と学芸員の遠藤あかねさん。おそらく英国製。社章の位置が不揃いなのは手作りだからか、製造年の違いか。なぞが多く推測するのも楽しい。

◀高さは約6㌢、ずっしりしている（普段は非公開）

卵焼きは人気もの

あなたの好きな卵料理は？　横浜市民50人に聞いてみた。1位は卵焼き（だし巻き卵含む）の18人。「巨人、大鵬、卵焼き」ではないが、ホッとする味は万人受けするということだろうか。甘いものしょっぱいもの、家庭ごとの個性も楽しそう。2位は卵かけご飯（13人）、3位はオムレツ（7人）。以下、温泉卵（4人）、目玉焼き（3人）と続いた。ほか自由記述で茶碗蒸しなども。

また鮮度が生きる卵かけご飯の食べ方を聞いた。味付けはしょうゆが圧倒的に1位（45人）だが、ポン酢、めんつゆなどの少数派も。トッピングでは「何も入れない」が40人と多く「のり」が6人。磯の風味、確かに合いそうだ。なお「地場産を食べたいですか？」の質問には50人全員が「食べたい」と回答した。

＊アンケートは神奈川新聞社公式サイト「カナロコ」、メールマガジンなどで2012年1月実施

産みたての「ぜいたく」

鶏と人の暮らし。いずみ野をはじめ市内には約3万羽がいる。この土地に息づく鶏たちは今―。人一倍早い農家の朝を告げ野菜くずをついばむ。敷地の一角で〝副業〟として飼う「庭先養鶏」が鶏と人のお付き合いの原風景だ。戸塚区の増田昭二さんは自宅で約100羽を平飼いする。均整の取れた逆台形の身をした鶏たちが飛び跳ねる。配合飼料のほか井戸水、規格外の野菜がえさ。薄い赤褐色の卵を温もりのあるうちに拾い集め、直売所に出す。「昔は暮れも押し迫ると、家で雑煮用にしめたものだよ」。幼いころから鶏と暮らし、よその卵は食べたことがないという増田さん。しかし、地場の産みたてが毎朝を彩る食卓は、今日の横浜では〝ぜいたく〟になりつつある。

市内の飼育戸数、羽数は減少の一途。県畜産会の岸井誠男さんは「たくさん飼ってもやっていけないとみな気付いた」という。鶏舎を構える土地代が高く、薄利多売の大規模経営には不向きだ。

しかし消費地の真ん中で流通経費がかからず鮮度は抜群。そして強みの一つがほかの畜種に比べて直売のハードルが低い点だ。解体や加工などが必要な畜産物と異なり、卵はパック詰め程度でそのまま出荷することができる。都市の養鶏ならではのやり方と魅力はどうやらありそうだ。

市内最大の約1万羽を飼う大矢養鶏（泉区）の大矢忠良さんは卸しと直売の両方をこなす。30年前に鶏舎を自動化し給餌や採卵は機械が行う。徹底した生産管理。餌箱からこぼれる量まで把握する。経営努力でコストを削減し価格を維持。毎月約24万個の卵を生産する。うち6割が問屋への卸し、残りは敷地内での直売やJAの拠点直売所に出荷する。大矢さんによると1万羽は〝黄金数〟。これ以上拡大すると夫婦2人では出荷のラインから外して直売する手間代がかかり割に合わない。近所の人の顔を見ての直売と業者からの急な大量注文にも対応できるベストな着地点だった。廉価で品質のよい卵を求めて客足は絶えない。近隣の女性は「95歳の父が毎日、生で食べる。新鮮で安心」と話す。岸井さんは「顔を見ることによる安心感。これは数字で表せることではない」と力を込める。

「物価の優等生」であり、高い栄養価と用途の広さで現代の食事に欠かせない卵。「もし卵がなかったら」。そんな〝空想〟が東日本大震災で現実になった。発生直後、大矢養鶏にはスーパーから消えた卵を求め行列ができた。普段の1・5倍の売り上げが5月まで続いたという。ありふれた食材が自分たちの街で作られていることの価値を、卵は教えてくれたのかもしれない。

▲鶏にストレスを与えると考え、サプリメントは使わない。「卵にない栄養をわざわざ卵からとることないでしょ。できるだけ自然のままを口にしてほしい」と大矢さん（泉区・大矢養鶏）

▶大矢養鶏の直売所兼作業場。お客さんが来るとその場でパックに詰める

◀ほかの卵は食べたことがないという増田さん。「餌を食うだけ食って卵を産まない鶏もいるよ」と笑う（戸塚区）

アジアン野菜

根っこある国際交流

言葉の通じない外国で故郷の味覚に出会うってどんな気持ちだろう？　片言の「シェイシェイ」と「オイシイ」が行き交う直売所。泉区の若い農家が近くに住むアジア出身者向けの野菜を作る。根っこのある国際交流が広がっている。

同区上飯田の桒原繁さんの自宅前直売所（マルナ農園）の常連さんは近くの団地に住む中国、東南アジア系の外国人。人気はトウガラシだ。「顔なじみになると『これ、作ってくれませんか』って。故郷が恋しくなるのかな。僕も新しいことをやってみたかったから」と桒原さん。トマト、ナスなど果菜類の片隅で作り始めた。

タイ料理の必需品で激辛の「プリッキーヌ」や適度な辛さの台湾の品種など数種類。鮮度抜群で普通の野菜と同じ価格だから、仲間内に口コミで広まった。今や中国、台湾、タイ、ベトナムと桒原さんもよく分からなくなるくらい国際色豊か。「食べたいけどないから、うれしいよ。安いし、みんな、ここダイスキよ」と中国・遼寧省出身の高木春子さん。

アジア各国の食文化に触れる機会は、若い農家にとって学びの場になっている。畑に取り残された、売り物にならないお化けキュウリやカボチャのつるをリクエストされることも。また、購入量は日本人の倍以上。「キュウリをスープに入れたり、食べ方が上手。現地の野菜の調理法を直接教えてもらえるなんて贅沢」と桒原さん。直売所は世界にだってつながっている。

小さいが香りよく激辛のトウガラシ「プリッキーヌ」と桒原さん

ストック

アイデアも旬のネタから

「こんな品ぞろえの花屋、見たことある？」。温室一面のストック、ジュリアン、パンジーなど最盛期には軽く10万ポット以上。「よく見てみ。同じ種類でも色や形はみんな違う。好きなのを探してみなよ」

ポット苗の直売の楽しみを端的に語るのは、泉区上飯田の持田薫秀さん。「フラワー持田園」を切り盛りする。看板商品はストックだ。花持ちと見栄えがよい八重咲きを苗の段階で見極めて栽培。品質のよさでテーマパークの花壇用にとの引き合いもある。花の栽培家としての一面もさることながら、節々にアイデアマンの〝香り〟が漂う。10年前は住宅関連の会社員。違う水で育った経験も手伝っている。

花言葉が「あなたを誇りに思う」で丈夫なガザニアを、入園から卒園まで園児に育ててもらうのはどうか—。「なでしこジャパン」の元気にあやかってナデシコは—。お客さんや街の直売所で旬の「ネタ」を仕入れては実現。人と話して広がる企画力と営業力は、自由な風が吹く都会の花農家ならではかもしれない。温室を見渡しながら持田さんが言う。「花と同じで可能性は無限。楽しいよ」

温室は兄弟で切り盛り。主に兄の薫秀さん（右下）は企画などかじ取り役。職人肌で丁寧な栽培管理をするのは弟の盛二さん（下）

有機肥料をしっかりとすきこんだ畑の土は柔らか。片手で引き抜けるぐらい。収穫後は機械で泥を落とし水をよく切り、箱詰めして出荷する（泉区・上飯田町）

柳明の葉付き大根

まるまる1本、と言わずに2本3本

冬になると、私たちのまわりは、根菜類ばかりになる―（伊藤比呂美『冬』より）。市内各地の直売所にたっぷりと太った大根が並び始めると、横浜にも冬の足音が聞こえ始める。地場産ならば葉付きが定番。丸ごと１本楽しめる。

市内では泉区で生産が盛ん。作付面積も農家数も１位だ。中でも柳明地区は古くからの産地。「柳明の葉付き大根」（出荷名は「飯田の葉付大根」）として、葉が付いたままの出荷で名を知られる。

10月下旬から12月上旬がピーク。同地区の鈴木英章さんはこの時期、1日1200本を出荷することもある。水洗いされ山積みされた大根。緑の葉と透き通るような白のコントラストが美しい。葉の分だけ長い専用の段ボールに詰められる。

鈴木さんによると、昔は葉付きの出荷は当たり前だったが、段ボールに詰め込む際、葉から水がしたたり箱をぬらすため嫌われたという。それでも葉付きは鮮度の証し、柳明の伝統として守っている。「（よいものができると）ホッとするよ、嬉しいというより。お客さん、待ってるからね」と息子の優さんが汗をぬぐう。

スーパーではカット野菜が人気だが、農家はまるまる１本、いや１本と言わずに２本、３本と料理する。「葉はじゃこや干しエビとごま油でいためてふりかけに」（泉区・片野雪子さん）。煮物やおでんなら「味がしみるから大きく面取りして２本は使う。そいだ部分は浅漬けや切り干しに」（栄区・田中文江さん）。また「イチョウ切りで４～５日干すと冷凍保存でき、甘みが増す」（泉区・石井照美さん）。毎日の味噌汁の具などこんな工夫もいい。

安価で季節感あふれる大根とのお付き合いは、地産地消の〝入門〟にぴったり。使い切る腕を身に付ければ、もっともっと楽しい冬がやってくる。

Map A トマトの時季だけオープン

横山俊夫さんの直売所

営 9:30～11:30、14:00～17:00
火・金・日（3月中旬～8月）

Map B ナシ、ブドウ、柿、キウイ直売。果物の季節には足を延ばしたい

横山果樹園

営 10:30～売りきれまで 8～11月
休 掲示

Map C 市内で一番大きな養鶏場を夫婦2人で切り盛り。南北に細長い鶏舎の北側に直売コーナー。新鮮な産みたて卵を買おう!

大矢養鶏

Map D 季節の露地野菜から自慢のハウストマト、手づくり加工品まで

【いずみ野即売会】朝市

営 毎週月曜 9:00～12:00

いずみ野

所要時間　1時間14分
歩行距離　4.11km

横浜西部の原風景を行く

和泉川がつくったいずみ野の平地は南西部の充実の農スポット。
キャベツ畑とトマトハウス。土と野菜の香りを胸いっぱいに

相鉄いずみ野線　いずみ野駅
→ 5分 300m
1 地産地消の店　まごころふぁ～む
2 野菜直売店　横山
→ 7分 430m
3 とまとやさん
→ 14分 740m
4 日枝神社
⇄ [片道] 7分 340m B 横山果樹園
→ 9分 490m
5 さんや農園
→ 8分 440m
6 キャベツ畑
→ 20分 1060m
7 和泉川の青い橋
⇄ [片道] 6分 320m C 大矢養鶏
→ 11分 650m
相鉄いずみ野線　いずみ野駅

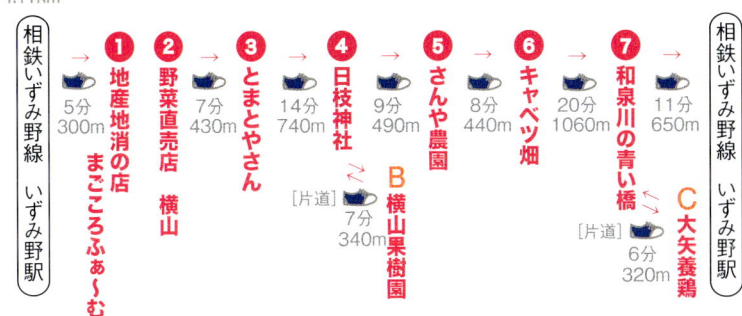

地産地消の店
まごころふぁ～む
野菜直売店　横山
とまとやさん
横山俊夫さんの直売所

泉区の花「アヤメ」

農家の屋敷

集落と十字路

▲成育中のキャベツ

▲定植したばかりのキャベツ

▲収穫間際のキャベツ

一面キャベツ畑。
泉区のキャベツ栽培
＝横浜市No.2

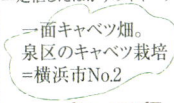

キャベツ畑

1 ブルーベリーの花
2 ラビットアイ系品種
3 ハイブッシュ系品種
4 ブルーベリーの紅葉

さんや農園

日枝神社
三家地区の守護神

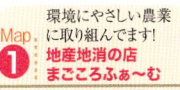

和泉川の青い橋

消防小屋入口

心ときめくタイムトンネル。この先は⁉

Map 1　環境にやさしい農業に取り組んでます!
地産地消の店　まごころふぁ～む
営 8:30～13:00 火・土 休 3～4月

Map 2　オンリーワン目指してこだわり野菜を販売
野菜直売店　横山
営 10:00～15:00 水・金・日（4～12月）水・日（1～3月）

Map 3　こだわりのトマトの店
とまとやさん
営 9:30～11:30、14:00～17:00 火・木・土

Map 5　ブルーベリーの摘み取り
さんや農園
営 9:00～12:00、14:00～16:30 6月中旬～7月上旬、8月上旬～8月下旬 休 月曜
入場料：大人（1000円）100g/500円

歴史が耕した隠し味

「これが〝本物〟の味なんだ」。そう思わせる一品が直売所にはある。農家のお母ちゃんたちがこしらえた加工品の数々。漬物、煮物、菓子、もち、巻き寿司、おこわ―。一手間加えて新たな価値を生み出す女性たちの活躍が、都市農業の未来を拓いていく。（加工品特集は１４０㌻）

市営地下鉄立場駅コンコースにある直売コーナー。ユズ入り稲荷、大根の煮物、ジャガイモの味噌炒め、塩だけで漬けた梅干し、田舎まんじゅうなどがずらり。泉区の美濃口かね子さんと小間葉子さんの手作り加工品だ。昼時には人だかりができ、主婦に混ざってスーツ姿の男性もいる。人気は漬物類。季節や野菜の出来具合を見定め、塩加減をあんばいする。また「飾り寿司」は金糸卵や野菜を巻き込んで蝶などを再現。複雑だが完成までものの10分という手際のよさに、確かな腕前が光る。

美濃口さんは言う。「義母のぬか床を引き継いだのが始まり。母は白菜1枚1枚に薄く塩をかけたり、たくあん漬けでは柿やリンゴの皮を干して入れ、自然な甘みを出したりと上手でした。特に教えてもらったわけではなく、目で見て覚えました」。それから30年以上も作り続けてきた。有形無形の農家の財産を隠し味に、普通の野菜が唯一無二の商品になる。女性たちは独学にとどまらず、専門家を招いての勉強会も実施するなど向学心も旺盛。講座や視察を後押しする「よこはま・ゆめ・ファーマー」制度（※1）なども上手に使う。横の連携もまた、商品力のアップにつながる。

健康志向や食の安全安心を背景に人気を集める農家の加工品。野菜などを作る一次産業、加工し商品化する二次産業、販売・流通する三次産業の全工程をこなすことから、すべての数字を足して「六次産業」とも言われ、近年、横浜市でも増加している（※2）。女性農業者の施策や六次産業に詳しい農山漁村女性・生活活動支援協会の安倍澄子調査研究課長は「生活者の視点で商品作りできるのが女性農業者の強み。文化も発信できる」と言う。さらに「地域に根ざした六次産業が大切。人気が出れば加工所など地元に雇用ができる。加工品を通じ地元が潤う好循環が生まれる」と期待する。

可能性は節々に感じられる。「アイデアはお客さんから」という美濃口さんのコミュニケーション力と柔軟さ。「野菜は作れて50種類、残り50種類の加工品で『百姓』になりたい」という小間さんの向上心。女性たちのパワーが横浜の地産地消を一層、豊かにする。

自宅敷地内にある加工所で漬物を仕込む美濃口かね子さん。作業は家族が寝た後になることが多いという

※1　1996年に始まった女性農業者の支援制度。現在90人を認定(2011年度)。他都市の同趣旨の施策と比べ「やる気」を重視し要件を緩和しているのが特徴

※2　横浜市内で農産物の直販や加工など農業生産関連事業を行う農家数は1403戸。10年前と比べ約300戸が新たに参加(2010年世界農林業センサスより)

「味噌は大豆から作るから3年がかりよ」
と笑う小間葉子さん

でんぷや錦糸卵を巻き込んで
鮮やかに蝶を再現

懐かしい味が並ぶ市営地下鉄立場駅コンコースの直売コーナー

＊美濃口かね子さん
㊫毎週火・金（13:30頃〜18:00頃）
＊小間葉子さん
㊫毎週火・木（11:00頃〜18:00頃）

まゆの会

暮らしの「文化」伝えたい

草もちにお月見、正月飾りに炭焼きと、かつて横浜で当たり前だった農村の暮らしや季節の行事を伝えようと、女性農業者たちの団体が奮闘中だ。

上飯田地区で活動する「まゆの会」（遠藤一枝代表）。拠点となる作業場「雀のお宿」は子どもたちでにぎやかだ。「昔からこの土地にあった行事や食を伝えたい」と、３月は小学生と「ひな寿司」や竹のコップ作り、６月はヨモギで草もち、10月は園児と親250人で団子とカボチャまんじゅうを供えたお月見―。

急速な発展を遂げた横浜。上飯田地区も例外でなく、新住民が増える一方、昔からの集落は高齢化で減少。この土地を一番知る身として、できることを探した。そして10年前、農家の女性15人で会を発足した。

台所仕事はもちろん、縄ないや手芸などメンバーが個性的な技術を持っていたこともあり、すそ野は広がる。男性の仕事とされてきた炭焼きも独学で習得。間伐した竹を利用し、自前の炭焼き小屋「いい田窯」で竹炭石けんや竹酢液の製品化も手がける。

もったいないと思う感性や植物を丸々使い切る技など、今では農村の知恵や暮らしも伝える。遠藤さんは「団塊世代や若い主婦をもっと巻き込んで、次世代に引き継いでいければ」と話している。

春先にヨモギを摘んでおき、
イベントに合わせて加工

みょうがの甘酢漬け

遠藤一枝さん

赤く色づいたみょうがが食欲をそそります

【材　料】

みょうが……200g

酢……80cc

砂糖……36g

塩……少々

【作り方】

❶みょうがをよく水洗いし、土などを取り除く。

❷分量の酢、砂糖、塩を混ぜ合わせておく。

❸①のみょうがをさっと湯がき（30秒ほど）ザルにあけ、湯切りする。

❹煮沸した耐熱容器に③を熱いうちに入れ、②を注いで保存。

★Point

煮沸した保存びんなどの容器に入れると、冷蔵庫で約1カ月間は保存できる。

もっと知りたい！

農家のお母ちゃんレシピ1.2.3.

完熟黄梅ジュース

小間葉子さん

さわやかな香りを楽しんで

【材　料】（4人分）

黄梅……200g

水……50cc

砂糖……適量

【作り方】

❶黄梅を軽く洗い水気をふきとる。黄梅の皮は柔らかいので破れないように気をつける。

❷梅の実を種から手で取る。種の回りについている果肉は包丁の背などでこそげ落とす。果肉を計量する。

❸果肉と水をミキサーにかけ、ザルでこす。

❹②と同量の砂糖と③を鍋に入れ、混ぜながら弱火にかける。アクが出てくるまで煮詰め、取り除いたら火を止める。とろみのあるジュースの元が完成。

❺冷ましてから4～5倍に薄めて（お好みで氷を浮かべて）いただく。

★Point

黄梅が入手できなければ青梅でも代用可。その場合、常温で風通しのよい所に置く。杏のような良い香りがたち、手で触ってある程度柔らかくなるまで待つ。黄色く色付いたら熟度はOK。要冷蔵で保管しなるべくお早めに。びんで脱気しての保存なら1カ月以上もつ。

青とう味噌

ごはんのおともにどうぞ

美濃口かね子さん

【材　料】

青唐辛子……100g

しょうゆ……165cc

砂糖……165cc

米麹……100g（市販のもの）

味噌……165g

湯……100cc

【作り方】

❶容器に米麹をほぐし入れる。40～50℃ほどの湯で湿らせ生の状態に戻す。

❷青唐辛子はヘタをとり、小口切りにする。

❸鍋に①、砂糖、しょうゆ、②を加え、アクを取りながら煮詰める。

❹青唐辛子に火が通ったら味噌を入れ、焦がさないように木べらで“の”の字を描きながら弱火で20分ほど煮込む。

★Point

夏野菜やじゃがもちにもぴったり。ナス炒めの味付けにも最高。冷蔵庫で約1カ月間保存できる。

Map 2

隠れ家的野菜直売所。素朴な小物がお出迎え

持田昭子さんの直売所

上飯田町360 営 9:00〜17:00(5〜1月) 休 日・祝(7〜8月無休)

Map 3

「ひと味違うキュウリの食べ方」「元気のある野菜を皆様のお手元に」が楽しい!

片野農園

下飯田町1786 営 9:30〜18:00(夏) 9:30〜17:00(冬) 休 月曜(月曜祝日の場合は営業)

野菜全般(早春タケノコあり)

Map 6

ナシ、ブドウ、柿、桃の果樹専門直売所。昭和16年(1941)からのナシ・桃の栽培は地域の先駆け

伊賀果樹園

下飯田町1373 営 8:45〜売りきれまで(8〜12月) 休 果樹の収穫期以外

果樹

下飯田

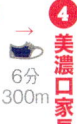

ゆめが丘駅ゴール　所要時間　1時間7分
　　　　　　　　　歩行距離　3.6km
下飯田駅ゴール　所要時間　1時間16分
　　　　　　　　　歩行距離　4.1km

〝直売所街道〟を歩こう

いざ直売所!　古くからある「かまくらみち」は今、直売所が並ぶ。
歴史も野菜も楽しみながら、のんびり古道を行くもいい

相鉄いずみ野線　いずみ中央駅
→ 2分 180m
1 がじぇっとの森 まいなん
→ 15分 770m
2 持田昭子さんの直売所
→ 9分 450m
3 片野農園
→ 6分 300m
4 美濃口家長屋門
→ 9分 500m
5 左馬神社
→ 4分 200m
6 伊賀果樹園
→ 18分 1000m
7 泉区ファーマーズマーケット「ハマッ子」
↗ 4分 200m　相鉄いずみ野線　ゆめが丘駅
↘ 13分 700m　市営地下鉄　下飯田駅

がじぇっとの森 まいなん

誰が言ったか「直売所街道」

上飯田町から下飯田町に至る沿道は西に水田、東に畑、農家の屋敷が続くのどかな道。「道好き」か「野菜好き」ならピンとくるのが松並交差点から下飯田交差点までの約5km。歩いて1時間半、車なら10分の間一帯に、大小あわせて20軒の直売所がある。

およそ250mに1軒。コンビニよりもポストよりも、バス停よりも多い。鎌倉開幕とともに栄えた由緒ある道だが、昭和50年代から直売所が増えた。店ごとに品揃えも漬物や野菜の味も微妙に違う。自分の舌に合うお店に出会える、直売所巡りの楽しさが詰まっている。

この道は、誰が言ったか「直売所街道」。"通り名"はかくして、街に根付いていく。

涼しい木陰の小道を下ると右手に牛舎

鎌倉古道からの風景

片野農園

美濃口家長屋門
代々村長を務めた名主・美濃口家の大きな長屋門

左馬神社
下飯田の村社(明治6年指定)

大イチョウ(市指定の名木古木)

伊賀果樹園

市営地下鉄　下飯田駅
近くの畑では泉区の花「アヤメ」が見られるかも

相鉄いずみ野線　ゆめが丘駅
駅のすぐ近くまで農地!

カーネーションの切り花

今こそ花を贈ろう

「こんな時代だからこそ、花を贈りませんか。気持ちを伝えてみませんか？」（市内のカーネーション農家、安西俊之さん）。

相手を喜ばせるだけでなく、自分の心も明るくする花。「照れる」「食べられる方がいい」。そんな人も地場産の花なら贈ってみたくなるかもしれない。しとやかさと日持ちのよさが魅力のカーネーションは、日常使いにもぴったり。

まずは旬の時期がいい。「６月に苗を植え11月から翌年５月まで出荷。品質が一番いいのは２月」（同、広瀬雅仁さん）。バレンタインデーに男性から贈る「フラワーバレンタイン」というイベントもあるそうだ。

次は選び方。「花が広がっているもの、色がぼやけているものはよくない」（同、大川武夫さん）。直売所で見かける地場産は切ったばかり。鮮度抜群で冬場なら１カ月以上も持たせることができる。

最後に渡し方。昭和初期には磯子区などで盛んに栽培され、当時を代表する品種「コーラル」は横浜生まれ。国内だけでなく海外でも高い評価を受けた。カーネーションは横浜に縁のある花。そんなエピソードも添えてみては。もちろん、花言葉の「愛情」も一緒に。

一番のピークは「母の日」。横浜では茎が枝分かれしたスプレー系の品種が多い

県内唯一のアロエ栽培「田丸園」

次は「地産地消コスメ？」

地産地消の化粧品。ネーティブ・コスメとでも名付けてみようか。アンチエイジングやデトックス、そんな流行の言葉を丸ごと飲み込む力が地場産のアロエにはありそう。

巨大なアロエベラの葉を切ると、ポタポタと鮮黄色の液体がにじみ落ちる。「この中に力の源が詰まっている」と話すのは、県内で唯一のアロエ園を営む「田丸園」の田丸孝さん。有機肥料にこだわり農薬は使わず、がっしりと育った３～４年の株のみ出荷。一番のこだわりは、地下60メートルからくみ上げる水だ。田丸さんはアロエの成分が溶ける水こそが大切と見る。

店には市内をはじめ全国から自家製の化粧水の材料や健康食品として注文が届く。奥さんの操さんは「効果はその人次第」と言うが、ご自身の肌は60代とは思えないハリとツヤ。「肌荒れがなくなった」などお客さんはリピーターが多い。男女比は圧倒的に女性だが、「育毛用に」と定期的に買っていく男性もいるそうだ。

化粧水の作り方は意外に簡単で、すりおろしてエキスをしぼったり、アルコールで抽出したり。濃さなどは調節できる。その土地でできた飛び切りの天然素材による、自分だけの化粧品。これから流行るかも？

切り口から出るエキス。アロエベラは肉厚で苦みが少なく最近人気（1枚400円～）

昔からある定番のキダチアロエ。根本から切り、株ごと販売する（1000円～）

※値段はいずれも直売価格

肥料と水やりでしっかり育つ。11月にはオレンジの花が咲く。食用になるとか＝田丸園

「行列」「売り切れ」必至！

長谷川果樹園

15品種ものナシを筆頭にブドウ、リンゴ、イチジク、柿など“完熟の味”が出揃う（P88）。自慢の浜なしは横浜髙島屋の物産展（2011年）で「豊水シャーベット」に変身、連日完売の人気だったそう。浜りんごのドライフルーツ（P141）は試行錯誤で味を追求、こちらはいっさい漂白ナシだ。運がよければ干し柿ならぬ「浜かきの柿チップ」も。夏はカブトムシも登場し、来訪者を大いに楽しませる。

泉区和泉町4258　☎045（802）2688
交 市営地下鉄立場駅徒歩10分。横浜泉郵便局手前　営 9：30～売り切れまで（火・木・土）果樹の販売は８～11月　休 2～4月および果樹・野菜など販売物が用意できない日（不定休）　P 10台
i 果物・野菜・加工品　S ナシ（8月上旬～11月上旬）、ブドウ（8月中旬～9月下旬）、リンゴのドライフルーツ（9月中旬～12月）

“夫婦コラボ”でファン獲得

自然館

農薬を減らし、化学肥料を減らした米や野菜を年間30～40種類。３作目のイチゴは「甘みと酸味のバランスが大事」と、看板のハウストマトで培ったノウハウを生かす美濃口俊雄さん。サトイモは20年来繰り返し作る芋で“ねっとり”食感が自慢、秋冬の人気者だ。奥さんのかね子さん手製の総菜や漬物、餅菓子など年間90を超える加工品（P120）を目当てに固定ファンが通うほど。市営地下鉄立場駅で出張販売も。

泉区下飯田町1734-2　☎045（802）3297
交 市営地下鉄下飯田駅徒歩15分、相鉄いずみ野線ゆめが丘駅徒歩13分
営 9：30～13：30　通年
休 水　P ５台
i 野菜・果物・米・加工品
S イチゴ（12月～4月）、トマト（4月下旬～7月下旬、9月中旬～10月下旬）、サトイモ（秋冬）

腕比べの加工品を楽しむ

JA横浜 メルカートみなみ

園芸資材店舗の一角、女性農業者の常設コーナーに収穫したての農産物と加工品が並ぶ。なんと50名を超える出荷者が「農産物に新たな付加価値を、食卓に彩りを！」と奮闘。農家の伝統を受け継ぐ味噌や漬物、ジャムは果物のほかサツマイモにショウガ、ニンジンやルバーブなど野菜のバリエーションが楽しい。ＧＷ期間の植木市では各種イベントを企画。また、正月飾りなど季節毎に農家直送のヒット商品を揃えている。

泉区中田西2-1-1　☎045（805）6641
交 市営地下鉄立場駅徒歩７分
営 8：30～17：00　通年
休 年末年始ほか特定日　P 20台
i 花・野菜・果物・加工品・米
S 「まゆの会」商品（P122）、カーネーション（11～６月初旬、P126）

“野菜嫌い”返上

がじぇっとの森　まいなん

バスケットに詰まった朝取り野菜は「性格」に合わせて育てる。例えば夏のハウストマトは水を一切やらない。厳しい環境に耐えしっかり根を張った結果、糖度・栄養価が高くなる。味や安全面から数種類の野菜が学校給食に採用され、苦手なニンジンを「ここのなら」とほお張る子どもも。茶色の壁に緑色のテント屋根。目指せ「ちびっ子野菜博士」農体験教室の開催などユニークな試みは外観にとどまらない。親子で楽しく訪れたい。

泉区和泉町3532-1　☎045（801）2050
交 相鉄いずみ野線いずみ中央駅徒歩２分
営 10：00～売り切れまで（週5）※営業日は変則的なので要確認　P ２台
i 野菜・加工品　S トマト（夏）、カレー用スパイス「ガラムマサラ」　＊野菜の全国発送可

i 取り扱い品目　S 旬の商品

フランス菓子

ラ フォンティーヌ -La Fontaine-

いずみ中央駅前で創業22年、シェフ・佐伯俊哉さんの“作品”は素材に妥協しない本格派。注文毎にクリームを詰めるシューコロンは定番人気だが、季節のご当地タルトも評判。柿は香辛料でグッと果実味を引き出し、じっくりと水分を飛ばした浜なしは、洋酒とチョコレートが香りとほどよい苦みを余韻に残す。銀座の三ツ星フレンチ「ロオジェ」パティシエという華やかな経歴だが、信条は変わらず「常に食べ手を意識する」。時流に合わせた材料の配合、気温の変化で調節される甘味、HP上での情報公開、アレルギー対応—。作り手の“想い”が詰まったスイーツで、午後の甘いひと時を楽しんで。　※お菓子教室開催。ウェブ通販、全国配送可

*シューコロン(＝クリーム、180円)、浜なし・柿のタルト・ガトーフレーズ(ショートケーキ)各360円

泉区和泉町3701　☎045(801)1934・0120-554014
㊇相鉄いずみ野線いずみ中央駅徒歩４分
㊕10:00〜20:00　㊡第３水曜、元日　Ⓟ26台

知って得する！
佐伯シェフの「リンゴのシャンティ」

クラッカーやパンにのせて…

【材料】リンゴ（紅玉）80g／生クリーム（乳脂肪分40%以上）200ml／ハチミツ（適宜）約40g

【作り方】❶リンゴの皮をむき、厚さ3ﾐﾘ程度のイチョウ切りにする。
❷①と残りの材料をすべてフードプロセッサーにかけ10〜20秒（全体に弾力が出る程度）。
*リンゴの食感を残す

「ハマッ子」全7店舗で最大規模

JA横浜 泉区ファーマーズマーケット「ハマッ子」

目移りしそうな種類の野菜にスイスチャード、ルバーブなど若手の手掛ける珍しい品種が加わり、購入者の“料理熱”を盛り上げる。大型店ながら「○○さんの大根が食べたい」といった個々の要望にも可能な限り対応したいという店長・安齋徹さんは、客と生産者の橋渡し役だ。農産物の新たな魅力が引き出された加工品は、女性農業者らが試作を重ね商品化。売れ筋の漬物ほかいなりずし、おはぎなど多くのファンが“ごひいき”目当てに通うほど。ハマッ子牛乳やカーネーション(P99、P126)、近隣の福祉授産所ジョイカンパニーの手作り菓子、「NATAS natas」の油で揚げないドーナツも要チェック。周辺に広がる農地で開催のイベントは2〜4月のイチゴ摘み取り、秋のイモ掘り、冬の小松菜・ほうれん草収穫体験と続き（2011年取材）、生産者の手ほどきを受ける得がたい機会とあって大盛況。

泉区下飯田町1624-1　☎045(803)9272
㊇相鉄いずみ野線ゆめが丘駅徒歩２分
㊕９:30〜17:00　通年
㊡年末年始、特定日　Ⓟ50台
ⓘ野菜・果物・加工品・花・肉・牛乳
Ⓢハマッ子牛乳、カーネーション、「まゆの会」商品(P122)

〝こだわり〟農家に会いに行く

特別栽培に込めた思い

味、色、形、土、品種、大きさ、朝どり、安心などなど、農家たちのこだわりはさまざまだ。その思いが向かう先とは―

地域の人に安全でおいしい地元の野菜を食べてほしい―。この思いを多くの農家が口にする。農薬をルール通りに使うことはもちろんだが、農薬や化学肥料を減らす取り組みも、食の安全・安心につながる。緑区十日市場町で米や施設・露地野菜を作る佐藤克徳さんも、そのうちの１人だ。

佐藤さんは複数の品目で農薬と化学肥料を半分以下に減らした「特別栽培農産物」(※)の認証を受ける。当然、虫に食われやすくなるし、収量が減るリスクもある。しかし「子供たちに質のよい、おいしいものを食べてほしい」と言う。土には同じく特別栽培の米の籾殻や有機肥料をすき込む。化学肥料はほとんど使わず、地力を養うことで味にもこだわる。

野菜は自身の直売所「野彩家」に並ぶ。ネギ、小松菜、里芋、ゴボウなど定番野菜に加え、コールラビ、水前寺菜などの珍しい野菜も。価格はどれもスーパーと同じか、もしくは安い。味が濃く、東京なら倍の値段はしそうな品質だ。家計に優しい価格設定は、近くの人に普通に食べてもらってこその野菜という「農家として当たり前」(佐藤さん)との気持ちからだ。

農業は食料の自給に始まり、近隣へのおすそ分けとなり、やがて国内、世界へと拡大した。佐藤さんは、中間的な位置にある「地域」を預かることの大切さを考えている。「減りつつある都市の農家は『点』の存在。色々な人とつながり『面』にならないと」。安心安全のおいしい野菜が大きな力になっている。

「農家は種まきしないと何もはじまらないよ」と佐藤さん。毎年、トマトやジャガイモ、キュウリ、ナス、水稲で特別栽培農産物の認証を得ている

(※)農薬と化学肥料の双方を、地域の標準的な使用状況の半分以下に削減して栽培された農産物。栽培責任者は栽培計画に従い栽培管理記録を記帳し、第三者である確認責任者の確認を受けて表示が可能になる。環境にやさしい農法の一つ。

「おいしい」という言葉

「こんばんは」。畑から帰った佐藤さんを地元中学の先生が訪ねてきた。調理実習でまた地場野菜を使いたいという相談だ。すぐに十日市場の土地柄や子供の学びに話が弾み、やがて授業で佐藤さんの米を使ったときの話におよんだ。

「お米の食べ比べで子供たちは『こっち(佐藤さんの米)の方がおいしい』って。分かるんですね」。農家は大きな体を揺すって笑った。少しして「うれしいなぁ。ほんと、うれしい。(農家を)やっていてよかったよ」。蛍光灯の映り込みのせいだろうか、目がひときわ輝く。

この喜びの声は作物の種類も作付けの規模も年齢も関係なく、多くの農家から聞いた。「おいしい」という言葉がどれほどうれしいか、農家でなければ分からないだろう。ただ、その一言でこうして喜ぶ人たちが私たちの食べる物を作っている。それを知ると、なぜかこちらもうれしくなってくる。

トマト、トマト

「これがないと直売所は始まらない」とお客も農家もこだわる一番人気。
真っ赤な実にはロマンが詰まっている

行列のできるトマト

ハウストマトの旬の4月になると、行列ができる直売所がある。「とまとやさん」（横山耕一／泉区）は「世界一うまい」と心酔する著名人の熱狂的ファンもいるほどだ。

20歳のころに木造温室で始め43年間、栽培し続けてきた超ベテランだが今も試行錯誤の毎日だ。病気予防のため、定植前に肥料は入れない、深く耕さないなど、味を引き出し収量を確保するための努力は惜しまない。昨年からは菌が入りやすい花ビラを取る作業を毎日、人海戦術で行っている。栽培数は約4500本以上。気の遠くなる仕事量だが「並ばなくても買ってもらえるように、もっと作らないと」と横山さん。やっぱり、たくさんの人に食べてもらいたい。

ちなみに品種は「サンロード」にこだわる。「糖度が高く酸味、コクのバランスがいい。皮も柔らかい」。常連客は最初の収穫より2段目以降の方がおいしいのを知っており、日にち指定で注文してくるそうだ。ことトマトになると、買う側も抜かりがない。

若者たちのトマト

若手農家も果敢に取り組むトマト。新羽大熊農業専用地区（港北区、都筑区）の斉藤篤志さん、中山英樹さん、大森昭男さん、中丸洋平さんはいずれも30代と40代の農家。土ではなく水で育てる水耕栽培を行う。土と違い連作障害が出ないため年に２回栽培可能。経営の中心に据えている。〝トマト漬け〟の４人だが、理想や目標とするトマトはそれぞれ、似ているようで違う。

まず農家歴が長い斉藤さんは「１玉230ｇ超、ずっしり重いトマト」。中山さんは「味はもちろん、見た目もきれいな『売れる』トマト」。大森さんは「子供がトマト嫌いで評価が厳しい。子供においしいと言ってもらえるトマト」。最年少で昨年就農したばかりの中丸さんは「無事に収穫できることが一番」と謙虚だ。

ハウスも自宅も近い４人は意見交換も活発。それぞれの個性が磨かれて、横浜のトマトはもっと面白くなりそうだ。

最高気温が35℃を超える８月の猛暑日。10月下旬から年明けまでの食卓に並ぶトマトの小さな苗が育っている

“夢”のトマト

「トマトをおいしく」という思いは農家だけでなく、品種改良をする育種家も同じだ。「りんか409」「麗夏」「アイコ」「シンディースイート」など、野菜好きなら一度は聞いたことがあるトマトの生みの親は、市内の種苗会社「サカタのタネ」の榎本真也さん。泉区育ち、横浜ゆかりのトップブリーダーだ。

「一つの品種が世に出るまで10年近い歳月がかかる。名前すら与えられずに開発番号だけで消えるものも多い」と榎本さん。育種は一生の仕事だ。日本市場だけではなく海外でもヒットを飛ばすが、思い出深いトマトの一つが「麗夏」。大玉トマトで初めて世に出したものだったが、畑でしっかりと赤くしても荷傷みしない。今でこそよく見かける「完熟トマト」のはしりだ。ただし当時の農家には「畑で赤くしてください」と言っても、なかなか受け入れてもらえなかったそうだ。

視点はおのずと時代の先を見据えている。育てやすさなど、味だけではない野菜の全体像を見られるのも育種家ならではだろう。そんな榎本さんに「夢のトマト」を聞いてみた。「当たりはずれをなくし、どれを食べてもおいしいと感じてもらえるトマトを作りたい」。一見、素人には普通に聞こえるかもしれない。しかしこういう力強い品種が次のトマトの“時代”を引っ張っていくに違いない。

真夏のトマト

「本当の旬。これが今年のトマトだぞ、という気持ちかな」と話すのは磯子区氷取沢の岡本浩明さん。横浜では6月中旬ごろから外で栽培したトマト（露地トマト）が出回り始める。

日本で露地栽培ができるのは夏。たらいで冷やした真っ赤なやつをガブリ、いかにもおいしそうなこのイメージだ。しかし、市場でも農家からも味は4月中旬のハウス栽培の方がおいしいという意見が多数派だ。それでもやっぱり夏にトマトが食べたくなるのはなぜだろう。きっと私たちは欲張りで、トマトに味だけでなく季節も求めているからに違いない。

誤解されるといけないので最後に一つ。ハウス、露地の両方を手がける岡本さんは「露地トマトは台風や猛暑など天候のリスクを受けやすいけど、技術があればしっかり育つ。ハウスよりコストがかからないから価格も抑えられる。味？　お客さんはもちろん、自分もおいしいと思わないと自信を持って出荷できないでしょ」

栽培歴は50年以上、トマトと半世紀をともにしてきた金子一男さん（磯子区氷取沢）。2010年の野菜立毛品評会でトマトの部第1席に輝いた。毎年上位に入賞するトマト名人だ

豆！マメ！まめ！

鮮度が命の豆。「なべを火に掛けてから採りに行け」「おいしいのは3日だけ」
などなど、とにかく採れたてを食べなさいと農家は言う。
それができるのも地場産ならでは。
枝豆、ソラマメ、エンドウ、インゲン、落花生…。
旬限定の味わい、〝マメ〟に直売所に通って楽しもう。

◎参考文献　『マメな豆の話』吉田よし子著（平凡社刊）

●至福の枝豆の塩ゆで　7～8月

夏の直売所の一番人気は枝豆。午前中に直売所で買ったらすぐにゆでるのが大切。粗熱をとってビールといっしょに冷蔵庫で冷やしたら、陽も明るいうちにカンパイ。文句の付けどころがない〝口福〟の時間だ。ゆでたてのつまみ食いもまた、オツなもの。

●若手も燃える人気

戸塚区小雀町の小間敏史さんは、近年、枝豆の作付けを倍増。地元のスーパーと直接取引をする。とにかく鮮度で味の差がはっきり出るから店でも人気は抜群だ。「枝豆は評判がよく分かるし、育てても楽しい。色々な品種に挑戦したい」と小間さん。若い農家の夏はアツい。

●香り派？ 食べごたえ派？

大豆を未成熟な状態で食べる枝豆。実の成熟具合によって味が異なる。「実が膨らみ始めの方が香りがよい。でもパンパンに膨らんでしっかりした方が好きという方も。そこは好みですね」と河原さん。
／9月、河原農園直売所

●一家総出の出荷作業

収穫後は洗ってから束ねるため、実は手間がかかる。小間さんの家では家族で手分けし出荷作業。小学生のおいっ子の龍くんも戦力に。「お手伝いポイント」を稼いで、好きなものを買ってもらうそうだ。

…6～10月

莢の甘みスナックエンドウ…5月

若い莢《さや》と豆をそのまま食べる「莢豆」の中でも甘みと食べごたえで存在感は十分。小指ぐらいに太り、かじれば汁が弾けるほどにみずみずしい。ソラマメ、キヌサヤ、グリーンピース同様、晩秋に種をまき、一冬越えて実を付ける春のマメ。出回る時期はこちらも短い。

スナック

ソラマメは「5月場所」…5月

春はマメの季節。ソラマメはその中でも、GWあたりの2～3週間に姿を見せる。出回る時期は短いから注意が必要だ。若い豆は香り高く、熟したものはほっくりと。あの味を食べ損ねるのはあまりに切ないので、「大相撲の5月場所と同時期」と覚えておくとよい。

打越一寸

◆絶品、地場の「ゆでピー」　9～10月

「バターピー」や「煎り鞘」などのイメージが強くあまりなじみのない人もいるだろうが、生落花生の塩ゆでは９月の定番だ。豆の風味とうま味は抜群でほぼ自動的に口と手が動く。鞘の端っこにあるくちばし状のでっぱりの下を親指でグッと押すと、「食べて」と言わんばかりにパカッと殻が割れる。この食べ方、テンポがよくなり途中でやめるのが難しくなるからご注意を。

●少しでも長く〝幸せ〟を

お客さんに枝豆の幸福を少しでも長く楽しんでもらおうと努力する農家もいる。「横浜の直売所で一番早く出して最後まで出していたい」と保土ケ谷区西谷町の河原津佳さんは５月から９月末まで、２品種で栽培している。

最初の種まきは３月。ハウスで苗を作る。そして大変なのは暑くなってからの天敵、カメムシ対策だ。この臭い虫にひとたび実の汁を吸われると、信じられないほどまずくなる。農薬を使わなくてもいいようにネットを掛けてシャットアウト。大切に育てている。

◆花がもぐって落花生

落花生は花が咲いた後にその一部が土にもぐり豆ができる。花が落ちるように見えるところが名前の由来だ。瀬谷区の岩崎英一さんは「場所をくれてやった方がよく育つよ。瀬谷は火山灰土で畑の水はけがよいから合ってるみたい」。栽培歴は40年をゆうに超える岩崎さんを驚かせているのが数年前から育て始めた「ジャンボ落花生」。２回りは大きい上に甘みが濃い。もちろん直売所でしか買えない。

▼写真提供：サカタのタネ

お赤飯にはササゲ…10月～

未成熟を生で食べる青い豆が直売所の中心だが、世界的には大豆、小豆、ヒヨコ豆など乾燥させたマメが消費の主流だ。市内の直売所ではササゲをよく見かける。主にお赤飯用に。

けごんの滝

熱帯生まれのシカクマメ…9～10月

最近よく見かけるシカクマメはフィリピンなど熱帯の豆。日本では莢豆として天ぷらやいためものにされるが、原産地では根に付く芋の方を楽しむそう。

シカクマメ

〝実力〟あるインゲン

枝豆やソラマメのような心を躍らせる〝華〟がないインゲンだが、世界ではもっとも栽培されている豆の仲間だ。年に3回収穫できるため、別名は三度豆。直売所の品揃えに貢献し、しかも安い。甘くてサクサクだが、収穫後すぐに食味も栄養価も半減するそう。直売所のインゲンは真の実力を発揮する。

アーロン

山と海の恵み湧く

銀色や青色がキラキラ光る。漁船から次々と運び込まれる鮮魚。夏には肥えたアナゴがいい。秋冬はタチウオ、コウイカ、カワハギにアジと多彩。活気ある柴漁港（金沢区）。主役の漁師たちはまた、船を下りれば農家でもある。「半農半漁《はんのうはんぎょ》」という、地産地消とのかかわり方がこの土地にある。

「5時半に海に出て午後に戻る。時間があれば山にあがって畑仕事。しけの日？ みんな畑に出てるよ」と同地区で漁業と農業を兼業する小山収一さん。海沿いの温暖な気候を生かし、ミカンやレモンなど柑橘《かんきつ》類を中心に栽培。季節の野菜や花とともに直売所に出荷する。どちらの仕事も天候勝負、力のいる大変な労働だ。畑で作業ができない雨ならば、網など漁具の修繕をするというから、休みなどない。「土地の資源の有効活用」（小山さん）と言うはやすいが、それを支えてきたのは柴の〝気質〟だ。

宍倉元行前組合長は「ここの人は働きものだよ。昔はノリで栄えたから忙しかった。沖で養殖しそれを山で干す。男は海、女は山。担ぎ棒で急斜面を登る。自給用の米や芋も作っていたから、とにかく働いた」という。「柴には嫁にやるな」。仕事の厳しさを伝える、そんな古い言葉があることを教えてくれた。ノリの養殖が1970年代の埋め立て事業でほとんど行われなくなった今は、冒頭の通り農業のため山にあがる。横浜市漁業協同組合の松澤昭彦参事は「ノリは冬が忙しい。その間は漁に出ない。そのサイクルが海の再生産能力に合っていたと思う。一年中、漁に出始めると資源が減少した。今は2操1休体制（※1）で資源保護に取り組む」と話す。休漁の日は山で畑仕事をしたり、直売所に出たり。土地改良で（※2）生産性も高まった。うまく労働を分配することで、海を豊かにする。そんなかかわり方が持続可能な海を育て、半農半漁という言葉に結実する。

さて、小柴といえばやはりシャコの話題に触れないわけにはいかない。江戸前すしの欠かせないネタとして、広く愛される。2005年に漁獲量減のために禁漁になり、2010年に試験的に操業したが、まだ回復していない。柴の誇りとも言える名物の復活を、漁師だけでなく地元も心待ちにしている。何人かの漁師が同じようなことを言う。「農業と漁業とは全く気質が違う。漁業は一発勝負。農業はねばり強さが大事」。山で培った知恵と柴の人たちの生来の勤勉さはいつか、この海に再びシャコを呼び戻すに違いない。

小山收一さん／金沢区

※1　２日漁に出たら１日休む。土曜日は全休する
※2　柴土地改良区。農地の有効活用を図るため同地区約16ヘクタールの土地整理などを実施。15年をかけ2006年に完了

柴シーサイドファーム

「横浜でミカン狩りができるなんて」。八景島のマリーナが箱庭のように広がり、漁船が走る向こうに房総半島を望む。手元には香気あふれるミカン。景色も味も見事な体験が柴シーサイドファームで待っている。

温暖な潮風にもまれた柴のミカン。栽培は1999年ごろからとまだ歴史は浅いが、約2ヘクタールに1200本。もぎ取りでも楽しめる。10月から11月末までは「温州《うんしゅう》みかん」、11月末から12月まで「早香《はやか》」というポンカンに似た香りで甘みの強い品種が取れる。早香は市場にはあまり出回らず、柴のもぎ取りならではの味わいだ。

ミカン狩りというと急斜面を想像するかもしれないが、柴の畑はその点で優しい。道路との段差が少なく畑の中も平らなため車いすでも大丈夫。子供も自由に走り回れるから、幼稚園や老人ホームなどの団体や家族連れ、散歩の途中でふらっと立ち寄る1人客まで幅広く人気。年間約4000人が訪れる。

とにかく海の景色がいいから、真っ青な秋晴れ、雲一つない冬晴れの日がいい。そしてミカンはちょっと小ぶりで色が濃く、ヘタが大きすぎないものがいい。パチンとハサミで切って皮をむくと、たちまちさわやかな香りがする。

シーサイドファームではそのほか、季節ごとにジャガイモ、サトイモ、サツマイモの掘り取りや、夏野菜のもぎ取りも楽しめる。

超人気の市民菜園

自転車のかごにたっぷりと野菜を乗せた女性が道ばたで立ち話。「もう少し肥料を効かせて…」とどうやら、野菜の育て方で意見交換の様子だ。柴シーサイドファームには500区画の市民菜園が開設されている。行き帰りに見える海。そして夕焼け。なんとも絵になるステキな菜園だ。横浜市民ならばだれでも借りられる。ただし、現在6年待ちだとか…。

●柴シーサイドファーム

☎045(785)6844　金沢区柴町464　金沢シーサイドライン「海の公園柴口」駅下車徒歩15分。京浜急行「金沢文庫」駅より横浜京急バス「柴町」行き「柴町」バス停下車徒歩5分。㊫9:00～16:00（受付9:00～12:00、13:00～15:00）。月曜休園（祭日の場合は翌日休園）。駐車場有。

金沢

所要時間　1時間28分
歩行距離　4.95km

海、山、魚の欲張りハイク

丘の畑に登って行けば眼下に海が待っている。
浮かぶ漁船の向こうに房総半島。耳をすませば漁師の声が聞こえてくるかも

金沢文庫

京浜急行　金沢文庫駅 → 14分 779m → ❶称名寺（赤門） → 14分 739m → ❷称名寺東公園 → 15分 800m → ❸柴シーサイドファーム管理事務所（直売所） → 10分 527m → ❹柴漁港 → 6分 389m → ❺海の公園 → 23分 1382m → ❻金沢漁港 → 6分 334m → シーサイドライン　野島公園駅

金沢文庫と称名寺をつなぐトンネル
金沢文庫への近道から、開館中に文庫を通り抜けて称名寺に行くこともできる

浄土式庭園

称名寺
門をくぐると桜並木の参道に。茶店が2、3軒

シーサイドファームからの眺め
シーサイドファームのビュースポット。はるか房総半島まで望める

柴シーサイドファーム管理事務所（直売所）
野菜・ミカン・切り花を販売
営 土・日 6:30 or 6:45 or 7:00～15:00
※スタート時間は季節ごとに変わる

Map A
水揚げされたばかりの新鮮地魚を目当てに開店前から行列で大人気
柴漁港名産直売所
営日・祝　13:30～17:00
☎785-6161

Map C　海苔販売
野島・夕照橋先
忠彦丸☎701-3086
※海苔生産の作業工程を見学できる
番敏丸☎781-8786
番只丸☎786-8997

Map B　海苔販売
金沢漁港内
川俊丸☎786-1771

海の公園
改札を通り抜けると海が！
潮干狩りは天然モノのアサリでキマリ

柴漁

海苔（のり）の種付け・養
収穫の最盛期は11～4
●年間約4,034,000枚
鮮やかな色になるまであ
って食べて!

野島北側の養殖風景

漁協直営店
甘みのある江戸前アナゴがどんぶりからはみでるほど（800円～）。
持ち帰りもできるよ!

小柴のどんぶりや
柴漁港内　MapA
営金・土・日・祝
11:00～売りきれまで

アナゴの骨せんべい

南伊料理

台所　クッチーナ

店内右壁に躍る「舞岡」の文字。ほれ込んだ野菜の産地に移り住んだシェフの秋山健志さんは、メニューの９割を露地中心の地場野菜でまかなう。常連客がまず注文する「舞岡野菜のバーニャカウダ風」の美しい色合いに感動！ 舞岡自慢のトマトはスープやカプレーゼに。バターナッツ、サツマイモなど旬の素材を練りこんだ自家製フォカッチャ（350円）の香ばしさに頬がゆるむ。“この時季”に出合う料理をアラカルトで、ぜひ。

＊ランチ（1600円、2100円）、舞岡野菜のバーニャカウダ風（950円）、舞岡産大根としらすのピザ（1400円）

港南区上大岡西1-10-5
☎045（842）5257
交 京浜急行線・市営地下鉄上大岡駅徒歩1分
営 11:30〜14:00（LO）、17:30〜21:00（LO）
休 水・第３木曜

知って得する！
クッチーナのバーニャカウダ風

温野菜はもちろん夏野菜にも

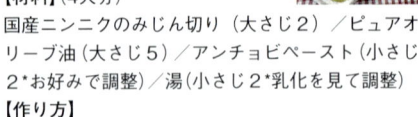

【材料】（4人分）
国産ニンニクのみじん切り（大さじ２）／ピュアオリーブ油（大さじ５）／アンチョビペースト（小さじ２*お好みで調整）／湯（小さじ２*乳化を見て調整）

【作り方】
❶小鍋にオリーブ油を熱し、弱火で５分ほどニンニクを炒める。＊きつね色になるちょっと手前まで！
❷①の火を止め、湯をサッと入れてしっかり撹拌。
❸②にアンチョビペーストを加え、よくからむように混ぜ合わせる。

磯子京菜

磯子周辺の農家が作り続けていた水菜がある。名前は「磯子京菜」。茎が広く株は大きく張り、白菜のようにどっしりした迫力がある。今はほとんど見かけなくなったが、どんな野菜だろう。

「よく見る茎の細い水菜は関西で好まれていたもの。もともと関東は茎の広い水菜が主流だった」と話すのはサカタのタネの淡野一郎広報宣伝課長。磯子区出身で「子どものころ食べましたよ。うちの鍋物はこれでした」という。同社では１９７０年代「磯子京菜」の種子を販売している。種袋によると9月まきで12月から3月に収穫。旬は横浜が一番冷え込む季節だ。トンネルなど保温の指示はないから相当寒さに強い野菜だと分かる。

また同社の藤巻久志さんは神奈川区出身で、やはり記憶がある。「白菜を1月で食べ切り、ちょうど青菜がない季節に出てくる。白菜の代わり。この漬物を食べると春が来たという感じがしましたよ」。若い世代には水菜はサラダが定番だが、どうやら〝伝統的〟な横浜での食べ方は漬物と鍋のようだ。

ほか「葉は濃緑色で軸は純白。尻張り良好で市場で見栄えがする」とも記される。男らしい。イメージは古典に出てくる「東男」さながら。一方、茎が細く小ぶりな今の水菜は「京女」といったところだろうか。

漬物需要の低迷などで現在は販売中止となっている。ただ市内の直売所では、ごくまに広い茎の水菜を見かけることがある。もしかしたら細々と作り続けている農家があるのかもしれない。

磯子京菜。白菜を二回り小さくしたぐらいの大きさがある

ガーデナーも“にっこり”

JA横浜 メルカートいそご

磯子・港南・金沢・栄区、舞岡地区から小規模農家50人ほどが出荷する。農地から離れた住民に新鮮な地場野菜を届ける重要な役割を担う。近くにスーパーがないため、加工品を扱うなど“よろず屋”としても機能。花苗もレギュラーで置かれ賑わいに華やかさを添える。肥料・マルチなど園芸用資材の充実ぶりは趣味の域を超えプロ仕様。定期的な園芸相談もあり、ガーデニング愛好家にはたまらない魅力だ。

磯子区田中2-4-8　☎045(771)9081
交 JR根岸線洋光台駅徒歩15分。または京急バス107系統「金沢文庫駅西口行き」で「田中」バス停下車徒歩２分　営 ８:30〜17:00　通年(年末年始を除く)　P 20台　i 野菜・加工品・花・園芸用資材　S 浜なし(8月下旬〜9月中旬)

味＋αで評判上々

杉田野菜直売所

「このキュウリは自根(接ぎ木しない)でおいしいよ」。土へのこだわり、栽培にまつわる“物語”を胸に、磯子区氷取沢の農家６人が輪番で店に立つ。長年の客は「葉菜の日持ちがいいね」「大根や芋の煮えるのが早い」など味以外の採点も。駅近の利便性と季節毎の品揃え、生産者が協力体制を敷く人気のトマトはハウスと露地のリレーで「ごほうび」・「サンロード」・「りんか409」と長期にわたって購入できるのがいい。

磯子区杉田3-11-21　☎045(771)4332
交 京浜急行線杉田駅徒歩１分
営 ８:00〜16:00(変動あり)　通年
休 年末年始(12月31日〜１月9日)1月、8月ともに(15、16日)　P ２台　i 野菜　S タケノコ(４月下旬〜５月下旬)、トマト(4月下旬〜11月下旬)、レモン(12月下旬〜２月下旬)

県全域から地場産続々と

京急百貨店

青果売り場の一角に際立つ「地場野菜」の板目看板。横浜をはじめ三浦、湘南から県内産地場野菜が集結する。完熟トマト、小松菜、ホウレン草は市内産、西湘の柑橘類、京急沿線三浦方面から中太大根―。充実の品揃えと工夫の配置、夕方からの客層にはカット野菜と、売り場の対応が実にスマート。毎月3、25日の地場野菜特売、毎週金曜の「野菜お買い得Day！」、時折実施の試食販売・レシピ紹介日に当たれば◎。

港南区上大岡西1-6-1　☎045(848)1111(代表)
交 京浜急行線、市営地下鉄上大岡駅直結
営 10:00〜20:00(一部21:00)　P 1000台
i 野菜・果物　S 横浜産=ハマッ子トマト(６〜7月、12月)、ナス(〜10月中旬)、コマツナ・ホウレンソウ(12月〜2月)　県産=春キャベツ(３月中旬〜４月下旬)、湘南ゴールド(3月下旬〜4月下旬)、大根・ブロッコリー(12月〜2月)、イチジク(9月)

清水屋ケチャップとトマトソース

ケチャップ横浜の〝底力〟

開港の味を再現した「清水屋ケチャップ」と市内産のトマトを使った「横濱のトマトソース」は、金沢区の食品会社「横濱屋本舗」(丸山和俊ＣＥＯ)の看板商品。ケチャップはここ横浜が国内発祥の地という歴史を今に伝え、トマトソースは市内の農産物の恵みによって誕生した。いずれも横浜の〝底力〟を物語る名品だ。

ケチャップはコクと甘みがしっかり。ラベルは当時のものを再現するといったこだわりよう。トマトソースは風味があり、そのままパスタに絡めてもいただける。ニンニクを直火でしっかり炒めており、「一つ一つ手抜きをせずに作ることの大切さを伝えたい」(丸山さん)との思いも込められている。

●株式会社 横濱屋本舗
金沢区鳥浜町1-1
☎045(770)6281

i 取り扱い品目　S 旬の商品

ヤーコンの漬物(200円)
〔野彩家 野楽房・緑区〕

大根柚子漬け
(150円)
〔ヤマカ 加藤満子・緑区〕

きゅうり古漬(150円)
〔杉崎昭子・緑区〕

見つけた!

「ハマのおいしいもの」大集合

直売所巡りを楽しむキーワードは〝季節感〟

横浜はじつに1年中「その季節ならではのお楽しみ」があふれている。直売所は旬から生まれた名産品が勢揃いするワンダーランド。私たちが取材で出会ったおいしい一品を紹介します。次はあなたの「お気に入り」を見つけてみては?

聖護院大根のさわやか漬(上)と
大根のキムチ漬(下)各300円
〔城田秀子・都筑区〕

味茄子(250円)
〔中山八重子・都筑区〕

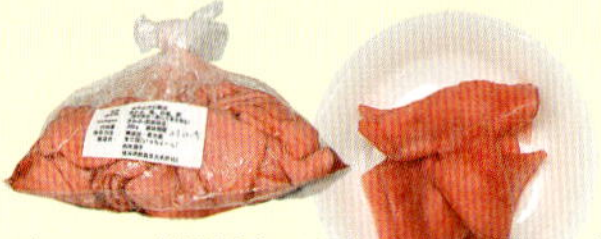

赤かぶの甘酢漬(200円)
〔愛工房いっちょーら
角田良子・都筑区〕

梨の万能たれ(400円)
〔坂田静江・青葉区〕

トマトケチャップ
(500円)
〔串田光江・都筑区〕

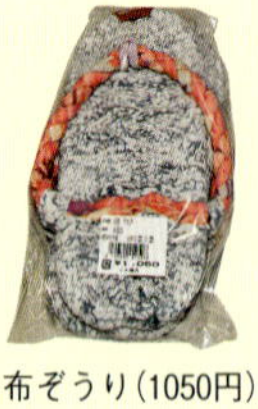

布ぞうり(1050円)
〔阿部千代子・都筑区〕

ピクルス(450円)
〔鮫島美枝子・青葉区〕

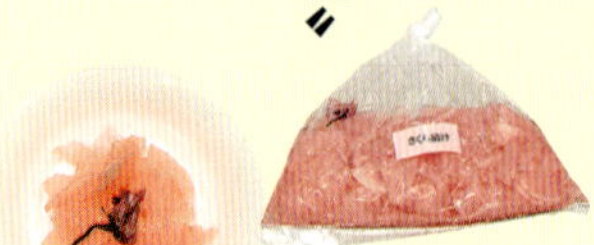

さくら漬(200円)
〔蕗の道草 平野フキ・都筑区〕

横浜野菜カレー(460円)
〔珈琲工場＆百屋・旭区〕

グリーンの手前味噌
米糀麦麹(右)、玄米糀味噌(中)、米糀味噌(左)各400円
〔社会福祉法人グリーン・青葉区〕

しょうがジャム=右(600円)
ルバーブジャム=中(430円)
さつまいもジャム=左(420円)
〔蕗の道草 平野フキ・都筑区〕

焼きのり(400円)
〔忠彦丸・金沢区〕

梅干（300円）
〔苅部みつほ・保土ケ谷区〕

にんじんジャム（400円）
〔みどりの台所 河原知美・保土ケ谷区〕

舞漬（150円）〔舞岡四季の会・戸塚区〕

柿酢＝右（750円）
梅ジャム＝左（150円）
〔かねこふぁ〜む・戸塚区〕

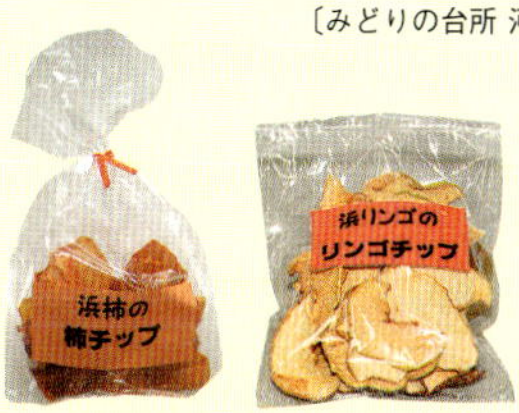

浜リンゴのリンゴチップ（右）と
浜柿の柿チップ（左）各200円
〔長谷川果樹園・泉区〕

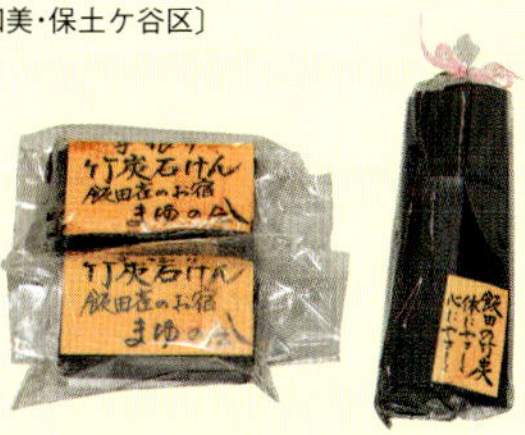

飯田の竹炭＝右（200円）と
竹炭石けん＝左（500円/100g）
〔飯田宿のお宿 まゆの会・泉区〕

カップジェラート／ミルク（左）と
季節のシャーベット／浜なし（右）
各294円〔アイス工房メーリア・戸塚区〕

カリカリ梅＝右（100円）と
桑の実ジャム＝左（600円）
〔小間園芸・泉区〕

昔ベーコン（スライス：430円/100gとブロック：400円/100g）、ハマッ子とん漬（1200円）〔ハム工房まいおか・戸塚区〕

カリフラワーのカレーマリネ
（150円）〔杉山千恵子・旭区〕

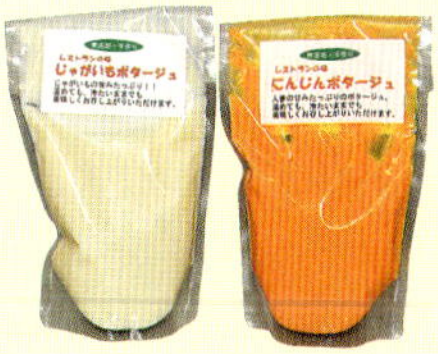

にんじんポタージュ（右）と
じゃがいもポタージュ（左）各200円
〔杉山千恵子・旭区〕

本格キムチ（300円）
〔杉山千恵子・旭区〕

しょうが糖（200円）
〔自然館・泉区〕

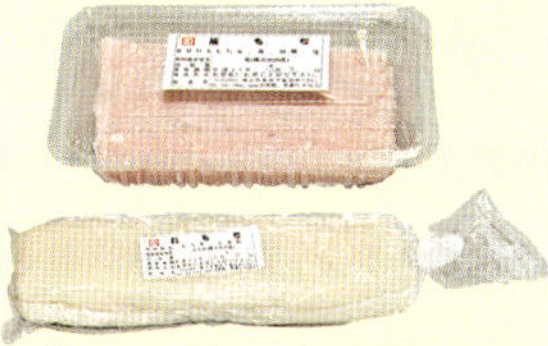

苺もち＝上（300円）と
おもち＝下（500円）〔自然館・泉区〕

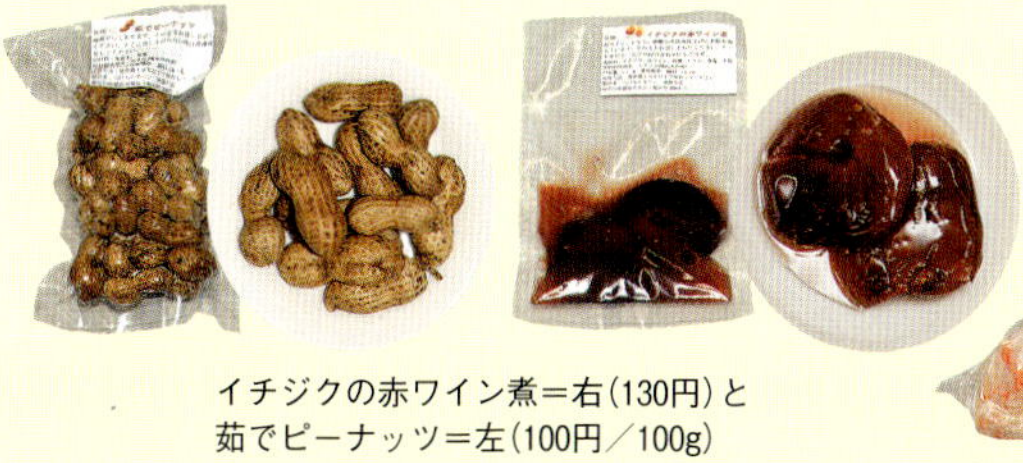

イチジクの赤ワイン煮＝右（130円）と
茹でピーナッツ＝左（100円／100g）
〔遠藤早苗・泉区〕

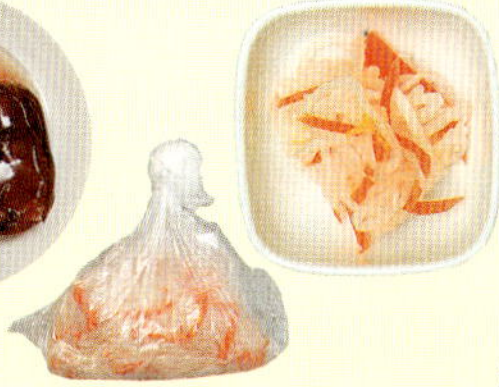

なます（150円）〔自然館・泉区〕

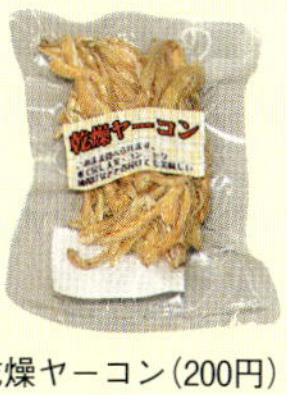

乾燥ヤーコン（200円）
〔安西ミエ子・泉区〕

神奈川新聞社蔵

ベイブリッジをくぐり外国船が港に入ってくる。
乗客や船員が見つめる先にみなとみらいのビル。

国際都市ヨコハマ——。

その〝顔〟たるホテルもまた地産地消の担い手。
開国がもたらした野菜と花の歴史もまた息づく。
今も昔も変わらない〝まち〟の心が未来を紡ぐ。

息づく「開拓者」精神

ランドマークタワーにある横浜ロイヤルパークホテルは全館を挙げて地産地消に取り組む。「ホテルは1人でも1000人でも満足させないといけない」と髙橋明総料理長は言う。だから簡単なことではない。質はよいが量が不安定な地場産は使いづらい。同ホテルでは、シェフは「今ある素材」からメニューを考えるよう発想を変え、サービスは「この季節はほうれん草がないので代わりに小松菜を使っています」と接客に努める。すべては地場産でまかなえないが、「横浜のホテル」となるべく取り組みを続ける。その積極性に「外に開かれたホテルで使えば横浜の野菜のレベルが上がるはず」（髙橋さん）との気持ちも込める。

底流にあるのは挑戦の心。思えば港から新しいものが流れ込み、全国から人が集まった横浜の街は、その気持ちで形作られてきた。150年前に時計の針を戻してみようか。

トマト、レタス、キャベツ、ニンジン、イチゴ―。横浜には開港期に国内で初めて栽培されたといわれる野菜が多い（※）。県内野菜の歴史に詳しい板木利隆農学博士は「北海道開拓などで国が海外野菜の収集を行う前のこと。先進的だった」と話す。中でもトマトは面白い。1896年にケチャップが生産されており、横浜は国内発祥の地。当時のレシピを元に復活させた横濱屋本舗の丸山和俊さんは「見たこともない食材を使った先人の開拓者精神に触発された」という。

花はさらに野心的に世界を見据えていた。1891年に国内の園芸業界初の株式会社として創業した横浜植木株式会社（南区）がある。「ユリ根の輸出が主力。当時、日本のユリは世界で人気だったが外国商社が牛耳っていた。『国を豊かに、負けてたまるか』。そんな気概があったのでは」と同社の小泉信三顧問。ユリ根には横浜産もあったという。世界中で花を咲かせたのかもしれない。

よいものを受け入れること、挑戦すること―。過去から現在に続く横浜の心だ。先人の教えは地産地消にだって通じる。初めて見る野菜を食べてみる、自分に合う調理方法を探してみる、それだって十分に挑戦だ。作る人も食べる人も、誰もが参加できる地産地消の自由さは横浜の気風とよく似ている。風はいつだって、明日に向かって吹いている。

横浜港には世界中の客船が入港する。
大さん橋では市民がお出迎え（2009年5月）

地場野菜を見定める髙橋明総料理長。
頭の中にはもう調理方法が浮かんでいる

※ほかサヤエンドウ、セロリ、アスパラガス、カリフラワー、リーキ、エンダイブ、メキャベツ、ラディッシュ、パセリなど。外国人居留地向けだった。詳しくは横浜市環境創造局ホームページ。「開港菜」で検索。

イチゴは最初、観賞用として日本に入ってきた。1863年に横浜の吉田新田で栽培され始めたとされる＝大さん橋でたそがれるイチゴ

*西洋料理

Café tosca

カフェ トスカ

〝時〟の素材 夢の味わい

世界のゲストをもてなすみなとみらいのホテル シェフの創意と地場野菜が織りなす一皿がある

「野菜だって人と同じ。いいときと悪いときがある。そこが面白い」。パンパシフィック横浜ベイホテル東急の「カフェ トスカ」を仕切る小川勝哉シェフは素材のばらつきを楽しむかのように腕をふるう。

「(料理は)高級な素材などではなくハート」と真正面から語りかける小川さんの料理の記憶は幼少時にさかのぼる。生まれも育ちも石川町という生粋のハマっ子で中華街は遊び場の一つ。当時は駅前から屋台が並び、自転車で出掛けては豚足や挽肉のスープをおやつ代わりに食べたという。「おいしかった。料理は気楽で肩肘を張らなくてもいいのでは」。そんな感性を培った。

味のボーダーラインを見つめ、それ以下はもちろんオーバーしてもいけない。〝中心〟に近づけるよう感性を研ぎ澄ませる。わがままな素材の個性を認め、皿の上の自由なふるまいを受け入れてもらうような調理こそが、小川さんのいう「気楽さ」なのかもしれない。素材が変わっても変わらないものに人は〝安心〟する。食べた後に、ただ「おいしい」と思うだけでいい。

そんな小川さんの一品は「横浜地野菜のポトフ」。純粋な野菜の味を求めベーコンやソーセージは使わない。塩と水、タマネギを煮詰めた「オニオンジャム」を加えて煮込む。「同じカブでも先週と今週では火の入り方が違う」と小川さん。野菜が違えばなおさらだから、野菜ごとに別々に煮る。スープは最後にブレンドして仕上げる。野菜は芯の芯まで熱い。

●西区みなとみらい2-3-7 パンパシフィック横浜ベイホテル東急2F
☎045-682-2218
㊔月～金曜日　7:00～11:00／11:30～15:00／17:30～22:00
　土・日・祝日　7:00～11:00／11:30～16:00／17:30～22:00
席数：178席、定休日：無休、個室：なし

曽我部料理長の手書きのレシピ

(※)同店で開催される地産地消フェア時の特別メニュー。
問い合わせは045-682-2218

●西区みなとみらい1-1-1
ヨコハマグランドインターコンチネンタルホテル2F
☎045-223-2368
㊖ランチ　11:30〜14:30(LO)
ディナー　17:30〜21:30(LO)
席数：130席、定休日：無休、個室：あり

*イタリア料理

la Vela
ラ ヴェラ

「厨房だけでは身につかないことを私たちは畑で農家さんに教えてもらっている」。ヨコハマグランドインターコンチネンタルホテルの齊藤悦夫総料理長（西洋料理担当）はもう10年以上も地場産を積極的に活用する。畑に足しげく通うのは単に鮮度のよい食材の調達だけではない。シェフが畑で学ぶものとは—。

「農家は野菜のプロ。生育状況やその年のよい時期など精通しており、素材の『よしあし』を教えてくれる」。畑は料理人の「見極める力」を育てる。齊藤さんは「よい時をパッと見極め、パッと料理するのが一番」と考える。一昔前は食材の臭みを消すため香草焼きやマリネなどの技法で腕が試されたが、流通の進歩で鮮度のよい食材が簡単に手に入るようになった現在は、一層「見極め」が大切と感じる。

野菜は都筑区や鎌倉市、魚は横須賀など主に県内から調達。畑での収穫はもちろん、漁港で水揚げのベルトコンベアーのラインに加わり、その場で魚をより分けさせてもらったこともあった。

またルッコラ・セルバチカ（ハーブの一種）やフィオレ・ディ・ズッカ(ズッキーニの花)など、当時は珍しかったイタリア料理の野菜では、農家を店に招待し「こう使いたいから売って欲しい」と口説いたことも。今ではリクエストに応じてくれる関係だ。真剣に素材に向き合うもの同士の信頼がある。

そんな齊藤さんの一品が「季節野菜のバーニャカウダ」。熱々のアンチョビーのソースを付けていただく。オープン時からのメニューで通年楽しめるが、中身は畑と相談だ。イメージはまさに植木鉢。器は夏ならばトレビス、冬は聖護院カブなどをくりぬいている。レタス類は〝葉〟のように、橙色や黄色のニンジンは〝幹〟のように。まるで生きているようだ。ラ ヴェラのバーニャ、港町原産の新しい〝野菜〟なのかもしれない。

畑からもてなしの気持ちを伝える、地産地消ウエディング—。

2人で収穫した濱野菜とウニのフラン ソースアメリケーヌ

パンパシフィック横浜ベイホテル東急のウエディングメニュー「幸せの収穫メニュー」は、前菜とスープで市内産を扱うが一番のポイントは新郎新婦が収穫した野菜をふるまうこと。「横浜は地元への愛着が強い。感謝の気持ちを伝えられるのでは」と曽我部俊典料理長は言う。自ら旬の野菜について新郎新婦と相談しメニューを練る。２人の門出にふさわしい華やかさと、未来を開く力強い味を皿に盛り込んでいく。

今や式場やホテルが定番の結婚式だが、一昔前は一族総出で準備し、農家なら育てた米や野菜を振る舞った。そうして新しい家族を迎え、両親や地域に感謝した。そんな古き良きエッセンスが、地産地消ウエディングにはあるのかもしれない。その温かみが華燭の典に柔らかい火をともす。

※問い合わせは045-682-2121

※カフェ

Café Flora

カフェ フローラ

「野菜は主役になれる」。全館で地産地消に取り組む横浜ロイヤルパークホテルで特に地場産にこだわるのが「カフェ フローラ」だ。シェフの楠野誉大さんは野菜の可能性に期待を込める。

ランドマークタワー最上階の「シリウス」などでも腕をふるってきたが、野菜を使う頻度が多いフローラに異動後、一層地場の魅力に引きつけられた。「(野菜の)形をあまり崩さないようにしたり『今、野菜を食べている』と感じられるよう自然でシンプルに。分かりやすい料理を目指している」という。内容は季節で変わるが特に素材が豊富な夏が好き。「地場産で完結できる」と力が入る。

楠野さんは野菜の味や本来の力を日々学んでいる。素材の知識、調理方法や盛り付け—。理想は多々ある。しかし今、一番大切にするのは「野菜を作ってくれた人の苦労も一緒に皿に載せられれば」との思い。

そんな楠野さんの一品はシンプルに「横浜野菜のサラダとマリネ」(※)。マリネは「野菜をいじめないように」ごく軽く漬け込む。サラダのソースはバジルの代わりに小松菜を使ったジェノベーゼやカボチャをパッセし生クリームなどと合わせたピューレ。華やかだ。

(※)いずれも夜のビュッフェメニューとして通年提供。サラダバー形式なので盛り付けはご自由に。野菜はもちろん、ソースも夏はトマトやジャガイモなど季節により内容は変わる。

●西区みなとみらい2-2-1-3
横浜ロイヤルパークホテル地下1F
☎045-221-1155
㈱平日10:00～21:00(LO)
土日祝9:00～21:00(LO)
席数：117席、定休日：無休、個室：なし

●西区高島2-19-12
ヨコハマスカイビル27F
☎045-450-2111
㈱ランチ 11:30～15:00(LO14:30)
ディナー 月～土・祝前日17:00～23:00(LO22:15)、日・祝16:30～22:30(LO21:45)
席数：600席
定休日：無休
個室：あり

＊フランス料理

Mikuni Yokohama
ミクニ ヨコハマ

「胸を張ってお客さんを迎えたい。だから食材はできるだけ自分で取りに行く」。「ミクニ ヨコハマ」の難波秀行料理長兼支配人の料理は〝足〟で作られる。

ご馳走—。客をもてなすため馬を走らせ食材を集めたことに由来する。この言葉の通り難波さんは農家を訪れる。畑だけでなく裏山に登り、ユズやミントなどの食材はもちろん、店内にしつらえるナンテンなど、次から次に見つけ出していく。「贅沢なものじゃなくていいんです。最善を尽くせば、どんな環境でも『ご馳走』はできる」

思えば小学校の帰り道にヨモギを摘んで遊んだり、食材探しは楽しい記憶と結びついている。料理人を志した修業時代のフランス・ブルターニュ地方でも、師事したシェフはホタテやスズキを獲るために自ら船に乗った。子供のころからの感性を生かせるチャンスに恵まれ、フランス料理の技法を次々に吸収していった。調理は柔軟に。自分を押しつけないように。自由度の高い視点を持つが「創作料理ではなく、地場産の食材をフランス料理として解釈したい」とこだわる。ぶれない軸が味を支えている。

そんな難波さんの一品は「中央卸売市場から届く鮮魚と苅部大根とのマリアージュ」。保土ケ谷産のピンク色の大根をおろしソースに仕立てる。「フランスには大根おろしの概念がない。新しい一面を見せられれば」。言うなれば「焼き魚に大根おろし」のフランス版。構成は「和」だが、どこから見てもフランス料理だから面白い。難波さんは横浜の農家について「受け継いだものがありながら、新しいことに挑戦している。刺激を受ける」という。その言葉はそのまま、自身の料理に当てはまっているように思えてならない。

●西区高島2-19-12 ヨコハマスカイビル29F
☎045-442-0430
㊔ランチ 11:30〜15:00（LO14:00）／ディナー 17:30〜22:00（LO21:00）
席数：60席、定休日：無休、個室：あり

（※）魚と野菜、調理方法は季節により変わる。取材は1月

＊創作料理

Yokohama Cruise Cruise
横浜クルーズ・クルーズ

「お客さんを満足させる、ではなくお客さんが自ら満足する〝空間〟を作りたい」。客船を思わせるエントランスを通り抜けると横浜の街が一望できる。そこで地場産の味も直売も楽しめる。「横浜クルーズ・クルーズ」の高橋勇貴料理長は料理にとどまらず、地場産の魅力を引き出す。

食べるだけでなく、その場で買えればなおよいのでは—。同店は月1回ホールで野菜の直売を行う。少し特別な平日にランチビュッフェを楽しみ、かつ夕飯用に新鮮な野菜を買って帰る。レストランの型にはまらない自由な楽しませ方が、クルーズ・クルーズ流のもてなしの心だ。

現在は市内や三浦の農家が参加。「たまに見たことのない品種もあり面白い」と高橋さん。一方「こういう場所だと新しい野菜が試しやすい」と農家。お互いに楽しんでいるからこその居心地のよい空気がある。

そんな高橋さんの一品は「八峰白神の塩もろみに漬けた横浜はまぽーくの網焼き　大葉ととんぶりのサルサヴェルデ」（※）。風味はよいが筋のある肩ロース肉を塩もろみに6時間以上漬け込み、柔らかくしつつ熟成させる。外は香ばしく中は火が通るギリギリで焼き、うま味を閉じ込めている。

（※）数量限定の特別メニュー

◉みなとみらい農家朝市

都筑、緑、神奈川、瀬谷、港南、戸塚、泉区などなど市内各地の農産物が月に１度、みなとみらいに集まる。行列に歓声、活況の中心は客と農家の笑顔だ。横浜の農業の〝縮図〟のような「みなとみらい農家朝市」が始まる。ずらりと並ぶ野菜に果実にお漬物。港の風に吹かれてどこか誇らしげだ。横浜のど真ん中で横浜の農業をたっぷり体験できる人気の朝市。あっという間に売れていく。参加する農家は「街の人にもさ、横浜でもこんなに野菜を作ってるぞ、こんなに農家がいるよって知ってほしい。同じ横浜市民。行ったり来たりの関係がいいでしょう」。まるで親戚にでも届けるように、最高の野菜をトラックに詰め込みやって来る。野菜の味に心を動かされたら、今度は港のあなたが畑に出掛けてみては。

●9:00〜11:00（毎月第4日曜日開催）
高島中央公園（西区みなとみらい5-2）
みなとみらい線「新高島駅4番出口」徒歩2分
問横浜市環境創造局農業振興課☎045(671)2638

お弁当スポットがいっぱい！

地産地消弁当

お弁当の考案・作製＝谷口みさ子さん
（管理栄養士・戸塚区在住）

①小松菜のおにぎり→P8、P39
＊ゆでた小松菜を細かく刻んでご飯に混ぜるだけ
②卵焼き→P19、P20、P67、P110、P113、P118
＊玉ネギ、はまぽーく、ほうれん草入り
③里芋の黒ゴマ味噌和え→P31、P140
④はまぽーくの野菜巻き揚げ→P20、P34、P64、P65、P106、P110
＊ほうれん草、ニンジン、長ネギを使用。火を通した野菜をはまぽーくで巻きカツレツ風に揚げる
⑤ポテトサラダ→P60、P106
＊ニンジンも入ってます
⑥ミニトマト→P130
⑦ブロッコリー→〝親戚〟のカリフラワーはP42
⑧大根ステーキ→P64、P117
＊火を通した大根に切れ目を入れ、油を引いたフライパンで焼く。めんつゆを垂らしてひっくり返し焼き色がついたら出来上がり
⑨イチゴ→P12、P67

これにて地産地消の旅もおしまい。みなさま〝満腹〟になりましたか—。

みなとみらいで ピクニック

世界をつなぐ港、かなたに向かう大型船。
高層ビルとホテル群、赤レンガの倉庫に汽車の道―。
最後は横浜の歴史と文化という〝地場産〟のご馳走を、体いっぱいいただこう。
そして地産地消の〆は、あなたの手作りで。
横浜中から集めた食材でこしらえた「地産地消弁当」を持って出掛けよう。

ポートサイド公園

◉横浜市中央卸売市場

市民の台所を支えるのが横浜市中央卸売市場。神奈川区にある同本場は青果で1日1312トンもの取り扱いがある。南部市場（金沢区）も合わせた横浜全体では全国4位。首都圏の中心的な市場だ。地場産に配慮し、野菜なら「はま菜ちゃん」ブランド、魚なら「追っかけ」と呼ばれる当日の朝に県内漁港で水揚げされた魚の扱いにも力を入れる。場内には食堂も。ボリュームと鮮度は食材を扱う場所だからこその味わいだ。

横浜ディスプレイミュージアム

宮川香山眞葛ミュージアム

●宮川香山眞葛ミュージアム
明治時代、横浜から海を渡り世界を魅了した「眞葛焼」。横浜大空襲で途絶えた幻の窯のコレクションが一堂に会する。館内でお土産に最適な横濱銘菓の販売も。
神奈川区栄町6-1 ☎045（534）6853
開館：10：00~16：00（土日のみ）

●ポートサイド公園
港町横浜は気持ちのいい公園がたくさん。中でも穴場といえるのがココ。海を眺めてホッとひと息。

●横浜ディスプレイミュージアム
なんだか不思議な空間。世界中から集められた珍しいモノやコト。プリザーブドフラワーの材料やビーズなど実用的なアイテムも揃う。
神奈川区大野町1-8 ☎045（441）3933
㊝10：00~17：30（日曜、祝日休み）

汽車道に立ち、ナビオス横浜を覗くと…

JA横浜

農家と市民をつなげる——

縁の下の力持ち

「誰でも」「何でも」「いつでも」「少なくても」作った野菜を食べてもらえるように―。たとえどんなに小さな農家でも野菜を作れば消費者に届けられる仕組みが横浜にはある。地産地消を支える自由で敷居の低い支援のかたちは「一括販売」という名で始まり、今は各地の直売所に息づく。

ちょっと形がいびつだからダメ、量がないと扱えない―。「一括販売」はそうした出荷のハードルをなくした集荷・販売形態。参加しやすくし地域全体で農業に取り組む態勢を整える。都市化で疲弊した小規模農家の支援策として平成４（１９９２）年に始まった。「なぜ（生産力の低い）小口を支援するのか」という指摘もあったが、発案したＪＡ横浜の矢澤定則常務理事は「地方と違い横浜は大半が小規模農家。なんとかしたい、なんとかしないと横浜の農業はダメになるという気持ち」と振り返る。自身も農家に生まれ酪農を志した。切り売りされる農地、廃業していく仲間を見てきた。

当然、理想と現実のギャップはあった。一番の課題は物量の確保と流通。しかし「１人の農家がネギを10束しか出せなくても、10人集まれば１００束になる。一つの集落が一つの農場」と矢澤さん。自らトラックを運転し畑に横付け。コンテナ１箱だろうと集めるところから始めた。初年こそ孤軍奮闘だったが、モノが集まり始めると市場は見逃さなかった。産地表示の義務付けがない時代に「横浜産」と明記。また袋詰めでの出荷なので、そのまま店頭に並べられると売り先から火が付いた。現在はＪＡ横浜の主要な販売形態に成長し、都市農業に適した支援として全国的にも注目されている。

自由で負担の少ない販売の〝伝統〟は、今は直売所「ハマッ子」に引き継がれる。農家と市民をつなげるのが直売所ならではの強み。「農業は『大衆化』しないといけない。いかに市民の台所に近づくかを考えている」と地域ふれあい課の中村弘之さん。次の一手もユニークだ。ＪＡ横浜都筑中川支店（センター北駅すぐ）は１階が直売所、３階に料理教室「クッキングサロン　ハマッ子」を備える。地産地消による食育に焦点を当て、地場野菜の調理方法や伝統的な加工を伝えようという狙い。矢澤さんと中村さんは「スーパーで必要な食材を買ってきて使うのではなく、その季節にあるものをどう工夫するかを考えるような食育が大切では」と口をそろえる。「地消」のお手伝いに挑戦する。

農家の理解者として、市民との懸け橋として、この土地の農業と地産地消を縁の下で支えている。

よく見ると一つ一つの大きさが違う。「大きさなど規格が揃わず出荷できないなんて大変。消費者はちょっと大きさが違っても傷があっても気にしないでしょう」と矢澤さん。農家を楽にするルールの一つ

料理教室の講師は女性農家や市内のシェフなど、個性豊かなハマの食の〝専門家〟たちが務める。プレオープンイベントでは都筑区で料理教室「ks－cafe」を主宰する鈴木佳世子さんらが担当。15分で作れる「小松菜のフェットチーネ」などを実演した。もちろん調理中には「横浜の小松菜は全国トップクラスの生産量で…」などと地場の農業の豆知識も。食べながら学ぶ／JA横浜「クッキングサロン ハマッ子」、2012年1月

○：個人・団体可　個：個人のみ　団：団体のみ　　　＊本文掲載ページ

収穫体験品目									
ミカン	クリ	ブルーベリー	イチゴ	トマト	タケノコ	ジャガイモ	サツマイモ	その他	備考
			○				○		イチゴは畝単位での販売です
							○		
		○						○	20名まで可　その他：ラベンダー、ブラックベリー
			○						100名まで可　高設栽培なので、腰の高さで収穫できます
	○	○							季節の果物ケーキセットあり(785円)
							団		対象：幼稚園児・小学生　1区画30坪以上から
			○						
							団		20名以上から可
		○							＊P92
		個							二俣川駅北口から徒歩5分
		個							＊P118-119
			○						
個									
○						○			「早香」もあります　＊P136
				個				個	ナス・キュウリも有　団体も受け入れ可の場合あり(20名程度まで)　＊P136
			○						20名まで可
			○	○					
		○							
		個							
個									
個									
○									＊P32
○									＊P32
		○							ブルーベリーは100名まで可　駐車場10台
			○						＊P12
									＊P94
個									＊P94
個									＊P94
個									＊P94
									＊P94
個									＊P94
					○	○	○		＊P72
			個						＊P76-77
					個			個	問合せはeメールで　kaneko-farm@c3-net.ne.jp　＊P74
			個						
個									他　柑橘類あり
団		○	○			団	団		他　サトイモ、ラッカセイ　URL:http://yoursgarden.net/　問合せ、団体予約はHPからeメールで　＊P95
個									＊P83
					○	○	○		団体優先
						○	○		50株以上から可
○									20名まで可
									6月上旬から。畑前の看板やのぼりが目印
		○							
	○								食べ放題ではありません
		○							夏は手袋、手甲要持参。車不可。トイレなし。　団：20名まで
		○							トイレなし、個人の場合駐車場5台まで。　団：20名まで
		○							駐車場5台
		団				団	団		駐車場10台

※お出掛けの際は、電話で事前の連絡(予約)をお願いします。もぎ取り・掘り取りの旬カレンダーはP93へ。

収穫体験ができる農園

区名	所在地(受付場所)	農園名	電話(対応可能時刻)	収穫体験品目 ナシ	ブドウ	カキ	ウメ	キウイフルーツ	イチジク
青葉区	市ケ尾町	小宮	971-3602(昼-夕方)						
	あざみ野4丁目	あざみ野園	901-3437						
	しらとり台	ハーブガーデン和枝園	981-0806						
	下谷本町	徳江農園	080-6789-7356						
	奈良町	緑山ハーブガーデン ナチュラパス	962-1683					○	
	農協で受け入れ農家を紹介	JA横浜野菜部観光班	942-2312						
旭区	小高町	いちご屋	373-5242(昼-夕方)						
	農協で受け入れ農家を紹介	JA横浜営農部農業振興課	805-6612						
	川島町	よこはまあさひブルーベリーの森	080-6732-1187(夏は18-20時)						
	二俣川	内田農園	391-1146						
泉区	和泉町	さんや農園	090-8584-8060						
	上飯田町	桑原果樹園	301-6282			個	個		
	下飯田町	ゆめが丘農園	090-2239-5433						
神奈川区	羽沢町	餅田農園	383-1748						
金沢区	柴町	柴シーサイドファーム	785-6844						
		松一農園	701-7600(7時-昼)						
港北区	新羽町	秋本農園	090-4232-7955						
	新吉田町	森農園	592-7034/090-5515-4329						
	大倉山6丁目	森農園	531-1979(9-20時)						
栄区	小菅ケ谷4丁目	三橋文明	891-8051						
瀬谷区	瀬谷5丁目	相原ブドウ園	301-6137		個				
	阿久和西	相沢果樹園	391-5686			個			
都筑区	牛久保町	都筑みかん園ながさわ	911-2494						
	牛久保3丁目	唐戸みかん園	080-1151-8550						
	東方町	MARUIファーム	090-3227-2035						個
	池辺町	ひでくんちのいちご畑	080-6705-1515						
戸塚区	平戸町	柴田農園	822-3149	個	個				
		三枝木果樹園	822-3309	個		個	個		
		相澤農園	822-7881			個			
		岩崎果樹園	822-3304(9-17時)	個		個			
		宇佐美園芸	822-0491	個					
		岩﨑農園	822-0451(10-17時)						
	舞岡町	舞岡ふるさと村 虹の家	826-0700						
		舞岡いちご園	090-4960-8315(9-15時)						
		かねこふぁ〜む	823-1222				○		
		勝誠園	822-3994	個					
		金子光次	070-6470-5665						
	汲沢5丁目	汲沢オレンジファーム	881-3276(昼or夕方)	個	個		個		
	名瀬町	ユアーズガーデン	813-2220(ナセグリーンゴルフ)						個
	影取町	芝口果樹園	852-1445(昼or夕方)	個	個	個			個
保土ケ谷区	川島町	円座農園	090-3097-3388(9-17時)						
緑区	長津田町	台いもほり観光部会	090-2436-1738(平成24年)						
	鴨居町	金子農園	931-1781						
	東本郷町	地区内複数園	なし				○		
	鴨居町	竹井園	932-0333(昼or夕方)						
	北八朔町	菅沼園	932-5194	○	○	○			
	鉄町	坂田農園	971-3675	○					
	北八朔町	八朔ぶどう園	932-5063		○				
	小山町	落合ブルーベリー農園	932-5232						
		宮田園	932-1471						
		ヤマリガーデン落合	090-9305-2909						
		宮田ドリームファーム	932-1465						

区	店舗名	所在地	電話番号	ジャンル	本文Ⓟ	サポート店
鶴見区	ベイプラザ食堂	末広町2-1 JFEエンジニアリング(株)内	505-6599	社員食堂		㋚
	シーフォーレ末広亭	弁天町2-4	505-8767	居酒屋		㋚
戸塚区	日本大漁物語 きじま東戸塚店	品濃町516 トラペ2F	822-7700	和食		㋚
	アイス工房メーリア	品濃町836-2	825-2291	洋菓子	*P97	㋚
	うお三昧 きじま	戸塚町16-1 トツカーナ1F	869-0343	和食		㋚
	おもてなし館きじま本陣	戸塚町3970	860-6233	和食		㋚
	和ダイニング 櫓(やぐら)	戸塚町4014-4	865-0123	創作料理(和食)	*P82	㋚
	ハム工房まいおか	舞岡町777	822-5789	畜産加工品・弁当・惣菜	*P75	㋚
中区	天濱	太田町4-48 川島ビル1F	662-6660	天ぷら		㋚
	驛(うまや)の食卓	住吉町6-68−1	641-9901	地ビールレストラン		㋚
	イタリアン ダイニング ミズキ	常盤町3-34-5 フラミンゴビル1F	663-1357	イタリア料理		㋚
	バッドアスコーヒー 関内店	羽衣町1-3-11 ルシオン関内1F	250-5503	カフェ、ダイニングバー		㋚
	湘南とんび	弁天通4-67-1 馬車道スクエアビル2F	264-4653	居酒屋		㋚
	関内喜びの里	港町3-13 横浜酒販会館ビルB1F	681-2240	居酒屋		㋚
	横濱元町 霧笛楼	元町2-96	681-2926	フランス料理		㋚
	ブラッセリーミズキ	山下町73 アクティ横浜2F	663-8622	フランス料理		㋚
	STELLA Deli's Market (ステラ デリズ マーケット)	吉田町10 齋藤ビルB1F	252-2883	イタリア料理		㋚
	横濱 うお時	若葉町2-26	261-0693	仕出し弁当(ケータリング)		㋚
	wakaba	若葉町2-26	350-7822	ケータリング(サンドイッチ)		㋚
西区	横浜 韓国料理 ダンカン	高島2-6-32 日産横浜ビル1F	453-0030	韓国料理		㋚
	ヨコハマワインバンク クリュ“CRu”	高島2-7-1 ファーストプレイス横浜1F	534-9618	フランス料理		㋚
	アルポルト クラシコ そごう横浜店	高島2-18-1 そごう横浜店10F	444-3313	イタリア料理		㋚
	焼肉 天山	高島2-19-12 横浜スカイビル11F	461-2989	焼肉		㋚
	横浜クルーズ・クルーズ	高島2-19-12 横浜スカイビル27F	450-2111	創作料理	*P149	㋚
	ミクニ ヨコハマ	高島2-19-12 横浜スカイビル29F	442-0430	フランス料理	*P149	㋚
	ど根性!!ホルモン	戸部町7-224	070-6514-6887	居酒屋		㋚
	イタリア料理「ラ ヴェラ」	みなとみらい1-1-1 ヨコハマ グランド インターコンチネンタル ホテル2F	223-2368 (直通)	イタリア料理	*P147	㋚
	カフェ「カフェ フローラ」	みなとみらい2-2-1-3 横浜ロイヤルパークホテルB1F	221-1155 (レストラン予約)	洋食	*P148	㋚
	オールデイダイニング「カフェ トスカ」	みなとみらい2-3-7 パン パシフィック 横浜ベイホテル東急2F	682-2218 (直通)	西洋料理	*P146	㋚
保土ケ谷区	お好み焼き ならび矢	新井町463-3(千丸台団地バス停前)	373-6325	お好み焼き	*P47	㋚
	やきとりの拓	神戸町54-1-2F	334-2586	居酒屋		㋚
	浜懐石 つねとら	新桜ケ丘1-36-6	351-3557	和食		㋚
緑区	うおたま&くうかい	霧が丘1-17-6	922-6130	創作料理(和食)	*P59	㋚
	海鮮酒家 海陽飯店	十日市場町822-17	988-2301	中華料理	*P59	㋚
	猫舌亭	十日市場町872-1	985-0904	ダイニングバー	*P54	㋚

※ ㋚**よこはま地産地消サポート店**
横浜でとれた、新鮮で旬な野菜や果物、畜産物を積極的にメニューに取り入れて、地産地消に取り組んでいる飲食店として横浜市の登録を受けている店舗

地産地消の飲食店

＊下記リストの店舗は、市内で地産地消のメニューを提供している飲食店として本書で取り上げた店舗や「よこはま地産地消サポート店」（※）に登録している飲食店です。ほかにも横浜産の農産物をメニューに取り入れている飲食店はありますので、ぜひお気に入りの店を探してください。

区	店舗名	所在地	電話番号	ジャンル	本文Ⓟ	サポート店
青葉区	横浜青葉台 聘珍樓（へいちんろう）	青葉台2-8-20 パルテ青葉台2F	985-1122	中国料理		㋚
	木かげ茶屋	荏田西1-3-22	911-1337（レストラン） 911-5852（パティスリー）	フランス料理	＊P25	
	スタミナ田奈	田奈町15-1	983-4573	居酒屋	＊P40	㋚
	タイガー	田奈町78-2	981-6582	創作料理	＊P26	㋚
	パナデリア シエスタ	奈良5-4-1 レーベンスラウム1F	963-5567	パン	＊P38	㋚
	ナチュラーレ・ボーノ	藤が丘2-4-3 藤が丘会館B1F	978-0355	イタリア料理	＊P22	㋚
	Bistro Freund（ビストロ フロイント）	みたけ台44-1	971-2610	フランス料理	＊P25	㋚
旭区	Bistro du Vin GALLIENI （ビストロ デュ ヴァン ガリエニ）	笹野台3-50-33	442-5578	フランス料理	＊P66	㋚
泉区	横濱アイス工房 ゆめが丘店	和泉町982-1	800-5353	洋菓子		㋚
	菜々遊亭みわ	和泉町1258	804-6663	和食		㋚
	グラウンドキッチンあすか	和泉町3220-1 SCHフッボル エスタディオ横浜内	——	軽食		㋚
	ラ フォンティーヌ	和泉町3701	0120-554-014	洋菓子	＊P128	㋚
	彩（いろどり）	和泉町3857-10-103	805-0020	弁当・惣菜		㋚
	ふれあいショップ サニー	和泉町4636-2 泉区総合庁舎1F	804-4531	食堂		㋚
	そば処 宮島	和泉町4636-2 泉区総合庁舎4F	800-2523	そば		㋚
	うず潮 小川	和泉町5735-14	803-8828	居酒屋		㋚
	おさかな広場	新橋町1177-1	812-7111	居酒屋		㋚
	パン工房 Baby leaf	中田東1-23-11	803-9871	パン		㋚
	珈琲園	弥生台26-5	812-3131	喫茶店		㋚
磯子区	焼肉 京城苑	森4-10-7	761-1685	焼肉		㋚
神奈川区	ストップオーバー 801	六角橋3-27-1 神奈川大学1号館8F	413-3842	食堂		㋚
港南区	台所 cucina（クッチーナ）	上大岡西1-10-5	842-5257	イタリア料理	＊P138	㋚
港北区	れすとらん さいとう	菊名6-13-41	434-1761	フランス料理	＊P51	㋚
	炭火焼鳥 とっと	岸根町420	432-7606	焼き鳥		㋚
	日本大漁物語 きじま新横浜店	新横浜3-4 新横浜プリンスホテル2F	470-0828	和食		㋚
	フランス料理 HANZOYA	新横浜3-23-8	471-8989	フランス料理		㋚
栄区	たくたか	笠間3-8-22	489-4214	弁当・惣菜		㋚
	炭や さぼてん	上郷町684-6	898-0401	居酒屋	＊P82	㋚
	さとうコーヒー店	公田町531	895-1787	喫茶店	＊P81	㋚
	九っ井（ここのついど）本店	田谷町1319	851-6121	和食・そば		㋚
	濱皇（はまおう）	長沼町326	881-7811	焼肉	＊P81	㋚
瀬谷区	ソフィア洋菓子店	瀬谷4-8-13	302-5708	洋菓子	＊P108	㋚
都筑区	野の葡萄 ららぽーと横浜店	池辺町4035-1 ららぽーと横浜3F	414-1943	ビュッフェレストラン		㋚
	酒処 まつげん	池辺町4567-1	933-3941	居酒屋		㋚
	WILD RICE natural dining （ワイルドライス ナチュラルダイニング）	荏田東4-1-1 ボードウォークガーデン	942-8884	創作料理（洋食）	＊P17	㋚
	炭火焼と旬のおさかな 菜の花	荏田東4-1-1 ボードウォークガーデン	949-9601	居酒屋		㋚
	PIZZERIA Domani（ピッツェリア ドマーニ）	荏田南4-10-4	943-2396	イタリア料理	＊P24	㋚
	Dining Bar Zen	勝田町1071	948-6955	創作料理	＊P18	㋚
	中国小皿料理 龍山坊（ろんさんぼー）	茅ケ崎中央13-2	941-0860	中国料理		㋚
	炭焼喰人（すみやきしょくにん）	茅ケ崎中央26-25	929-2919	焼肉	＊P19	㋚
	徒然亭	茅ケ崎中央30-17	482-4899	ダイニングバー		㋚
	ピザハウスモッコ センター北店	中川中央1-38-20	911-5779	イタリア料理		㋚
	バッドアスコーヒー ルララこうほく店	中川中央2-2-1 LuRaRaこうほく4F	593-4599	カフェ		㋚
	レストラン ボナ・サルーテ	仲町台5-7-8	943-5400	食堂		㋚

区	店舗名	所在地	電話番号	本文Ⓟ
栄区	イトーヨーカドー　桂台店	桂台中15-1	894-1361	
瀬谷区	あい菜ふぁ〜む（グリーンファーム戸塚店内）	阿久和南3-22-2	363-0187	＊P105
	マルエツ　瀬谷店	中央6-20	302-3561	
	コープかながわ　ミアクチーナ瀬谷橋戸店	橋戸2-5-6	302-8735	
	フジ橋戸店	橋戸2-36-1	306-2311	＊P105
都筑区	イトーヨーカドー　ららぽーと横浜店	池辺町4035-1	931-9911	
	横濱　花菜屋	荏田南5-7-3	532-9749	＊P15
	ヨークマート　港北店	北山田5-17-5	591-6211	
	コープかながわ　すみれが丘店	すみれが丘13-1	593-4939	
	文化堂　仲町台店	仲町台1-29-22	942-0290	
鶴見区	コープかながわ　ミアクチーナ末吉店	上末吉2-12-24	581-0860	
戸塚区	サミットストア下倉田店	下倉田町1883	860-3370	
	A・コープ　原宿店	原宿4-15-4	851-5631	＊P81
	ヨークマート　戸塚原宿店	深谷町234-1	852-3571	＊P84
中区	イトーヨーカドー　食品館本牧店	小港町2-100-4	623-3311	
西区	サミットストア横浜岡野店	岡野2-5-18	313-3315	
	新倉高造商店	浅間町5-381-13	311-4837	＊P67
保土ケ谷区	サミットストア権太坂スクエア店	権太坂3-1-3	730-3377	
緑区	鈴木青果店	長津田町3-1-16	981-0210	
	アピタ　長津田店	長津田みなみ台4-7-1	989-0511	
南区	中村商店	中島町4-88	714-0881	
	イトーヨーカドー　横浜別所店	別所1-14-1	743-3111	

【P50七草の答え】写真の順番、左下から時計周りに
〈ゴギョウ　ナズナ　スズナ　スズシロ　ハコベラ　ホトケノザ　セリ〉

でもね、七草の名前は歌って唱えて覚えてみよう〜
♪セリ、ナズナ、ゴギョウ、ハコベラ、ホトケノザ、スズナ、スズシロ これぞ春の七草♪ってね

小売店

下記リストは、JAまたは店舗への取材を通して知り得た情報のみ掲載しています。ほかにも横浜産の農産物を販売している店舗はありますので、お近くの店で「横浜産の目印」(P174)を探してください。

・横浜産農産物の入荷時期や陳列方法は、店舗により異なります。

・JAによる一括販売や店舗と生産者の直接契約など、横浜産農産物の仕入れ方法は各店舗で異なります。

区	店舗名	所在地	電話番号	本文Ⓟ
青葉区	鴨清	青葉台1-29-29	981-6068	
	明治屋青葉台ストアー	青葉台2-6-8	989-3838	
	市が尾東急ストア	市ケ尾町1156-1	979-0109	
	江田東急ストア	荏田北3-1-1	910-0109	
	田奈東急ストア	田奈町76-1	989-0109	
	スーパー三和　子供の国店	奈良1-2-1	962-7755	
	やさいのナイトウこどもの国店	奈良1-22-1-103	961-9295	
	オーガニックマーケット　マザーズ藤が丘店	藤が丘2-5	0120-935-034	*P40
旭区	マルエツ　四季の森フォレオ店	上白根3-41-1	951-4691	
	珈琲工場&百屋	白根5-14-1	954-5888	
	セントラルフィットネスクラブ二俣川	二俣川2-52-4	391-7211	
	イトーヨーカドー　若葉台店	若葉台3-7-1	922-2211	
泉区	里のあさじろう	和泉町1376	802-0681	*P90
	ヨークマート　立場店	和泉町4042-2	801-6990	
	コープかながわ　谷戸入口店	和泉町4133-1	803-0911	
	イトーヨーカドー　立場店	中田西1-1-15	805-2111	
	A・コープ　中田店	中田南3-2-38	803-1554	
	セントラルフィットネスクラブ緑園都市	緑園4-2-1	814-6680	
磯子区	川崎青果店	森3-15-11	751-0262	
	イトーヨーカドー　洋光台店	洋光台3-10-3	832-1661	
神奈川区	コープかながわ　片倉店	片倉1-16-3	491-8781	
	コープかながわ　神大寺店	神大寺2-41-1	481-3610	
金沢区	イトーヨーカドー　能見台店	能見台東3-1	781-8111	
港南区	京急百貨店	上大岡西1-6-1	848-1111	*P139
	イトーヨーカドー　上大岡店	上大岡西3-9-1	841-1010	
	A・コープ　野庭店	野庭町611-1-101	840-5411	
港北区	ヨークマート　妙蓮寺店	菊名2-16-12	401-4477	
	イトーヨーカドー　綱島店	綱島西2-8-1	545-2111	

●野菜　●果物　●花　●その他　★営業期間　㊡休業日　㊫営業時間　Ⓟ駐車場

●●	模型の由樹/長津田町2275/☎983-3385/★通年(野菜は採れた時、うどんは在庫次第)/㊡月/㊫14-18/Ⓟ5/他の直売所にないもの!めずらしい野菜も時折販売しています。キャベツはφ40cm位のやわらかい品、地粉うどんは他と味が違います	*P37
●	土志田 武/新治町100-1/★通年/毎日/㊡雨天/㊫9半-13/Ⓟ無/朝どり、だから雨の日は休み	
●●	岩澤孝志/新治町114-1/★通年/月・水・土/㊡荒天(夏以外)・盆・年始/㊫14-17(夏は19まで)/Ⓟ無/朝どりです	
●	ヤマカ/新治町691/☎932-2554/★通年/火・土(夏)、土(夏以外)/㊡年末年始/㊫9半-売/Ⓟ4	*P56
●●	にいはる長屋門朝市/新治町887/☎931-4947/★通年/土/㊡端境期・年末年始/㊫9半-売/Ⓟ無/新治産の新鮮野菜をたっぷり召し上がれ♪野菜をお求めいただいたあとは、新治市民の森の散策をおたのしみ下さい	*P96
●	きのこハウスひらもと/新治町1235/☎932-2496/★通年/毎日/㊫10-18/Ⓟ2/椎茸、舞茸(10-5月)を販売。手土産にどうぞ	*P58
●	かごしま園芸センター /西八朔町224/☎935-1755(10-17時)/★通年/要問合せ/㊫10-17/Ⓟ無/季節の花苗、野菜苗などを中心に生産しています	
●	野菜たちの夢/白山2-38-9/☎090-5782-0112/★6月中-8月下(13-17時)、11月中-1月(13-16時半)/火・木・土/Ⓟ2/野菜のおいしさを食卓の楽しさに拡げられる生産者を目指しています	*P59
●●●	飯田商店/東本郷5-16-48/☎471-7891/★通年/㊡日・祝・年始/㊫10-18/Ⓟ無/人気商品は自家製漬物、枝豆、トマトです	
●	環境保全型農業推進グループ鴨居東本郷/東本郷町20-1/★通年(2・3・8・9月で品薄時は休業)/火-土の間で週3-5回/㊫15-16(夏は17まで)/Ⓟ無/農薬の使用を控えめに、季節ごとに多品目を栽培しています	
●	気まぐれおやじの旬の野菜/東本郷町281/★通年/旗のある時/㊡気まぐれ(不定休)/㊫14-日没(猛暑時は15-日没)/Ⓟ1/気まぐれおやじが心をこめて、商品ではなく"旬の食品"としての野菜を手作りしています。散歩の途中などに、季節の野菜を是非のぞきに来てくださいね!	
●	良心売場/三保町1643/☎932-3850/★通年/㊡雨天/㊫10-18頃/Ⓟ1/有機肥料をたっぷり使って栽培した朝採りの新鮮な野菜です	

[南区]

●	六ツ川園芸/六ツ川3-110-2/☎711-2009/★1-7月、9-12月/毎日/㊫9-17/Ⓟ有/温室の中で直接自分で選ぶことができます

● 堂の下園/北八朔町1011/☎931-3070/★8-11月/㊡不定休/営11-売(要予約)/Ⓟ有/ナシとカキを作っています

●● 上の家/北八朔町1023/☎931-3589/★通年/火、金/㊡8-9月の品薄時/営8-売/Ⓟ3/4月下旬から5月中旬はタケノコ、8月から9月中旬は浜なしがあります

● 小島園/北八朔町1069/☎931-4476/★8-9月(ナシ毎日)、10月中-11月下(カキ予約販売)/営9-17/Ⓟ3

● 前田養鶏/北八朔町1206/☎931-4489/★通年/毎日/営10-17/Ⓟ5

● 高見園/北八朔町1234/☎934-9050/★8-9月/㊡品薄時/営9-16(売)/Ⓟ2

● 前田園/北八朔町1279-1/★6-7月/毎日/営9-12/Ⓟ5/新鮮で安全、お安い野菜をそろえてます

●● 宮の脇園/北八朔町1292/☎932-6782/★4月(タケノコ)、8月上-9月下(ナシ)、10月上-11月下(カキ)/毎日/営10-17/Ⓟ5/お客様に良い梨、良い柿を作り、喜ばれる品物を提供

●● 菅沼園/北八朔町1329/☎932-5194/★8-9月、10月中-12月中/毎日/営9-17/Ⓟ10(マイクロバス1台可)/梨、ブドウ、クリ、柿の味覚狩りができます。入園無料。時間によりB品価格の物有り

● まるけん(㊮)梨園/北八朔町1340/★8月中-9月中/毎日/営10-17/Ⓟ6/主に大きいサイズの梨を販売しています

● 琉久屋園/北八朔町1395/☎932-0890/★8月10日頃-9月25日頃/毎日/営9-売/Ⓟ4/皆様に喜んで頂けるようなおいしい梨を目指しております

● 八朔ぶどう園/北八朔町2014/☎932-5063/★8月/毎日/営10-17/Ⓟ10/もぎとった分を販売しています

● エゴタ園/北八朔町2091/☎931-4614/★8-9月上/㊡不定休/営12-売/Ⓟ5

●●● えのき園/北八朔町2136/★8月中-9月中/毎日/営10-売/Ⓟ有/地方発送承っています。横浜の美味しい梨を日本各地へお届けします

● 上乃園/小山町309/☎931-1732/★8-9月/毎日/営10-19/Ⓟ2

● 山下園/小山町375/☎931-3317/★8-9月(ナシ)、11-12月上(カキ)/火・木・土・日/営9-17/Ⓟ4/浜なし山下園で検索するとブログが見れます

● 小松園/小山町403/☎932-5146/★8-9月/毎日/営9-18/Ⓟ10/ナシを販売

● 和内 進/小山町608-4/☎931-1414、080-1070-5618/★通年/水・土/㊡雨天/営10半-17(売)/Ⓟ有/朝採りの新鮮さ

● テーブルガーデンセンター /小山町611-3/☎935-4187/★通年/毎日/営9半-18/Ⓟ50/生産販売することにより地域への豊かな園芸文化の普及

● 落合園/小山町623-7/☎932-5223/★8-10月/毎日/営9-18(売)/Ⓟ6/ナシ、ブドウ、カキの直売

● 中村園(有)/小山町646-5/☎931-5671/★7月下-9月中/毎日/営10-17/Ⓟ5/ナシ、ブドウを直売

● (有)コジマファーム/小山町653-8/☎931-4133/★通年/毎日/営9-18/Ⓟ2/蜂蜜、ローヤルゼリー、プロポリス販売。生だから、鮮度・栄養・ミネラル・ビタミンがいっぱいです。ピュアな蜂蜜・ローヤルゼリーをお試し下さい *P58

● 宮田園/小山町658-4/☎932-1471/★6-7月/毎日/営10-16/Ⓟ5/甘味のあるもの、酸味のあるもの、四種類のブルーベリーを栽培。お客様の好みに応じて販売

●● グリーンファーム/小山町659-2/☎931-2885/★8-9月/㊡不定休/営10-17/Ⓟ3/ナシとブドウの混合での配送も承ります

● 宮田ドリームファーム/小山町669-4/☎932-1465/★7月中-9月中/事前に連絡が必要/Ⓟ10/ブルーベリーの直売と、もぎとり体験も楽しめます。農薬を使わず栽培しているから安心です。お越しの際は事前にご連絡ください

●●● 地場野菜の直売会/寺山町118(緑区役所)/☎930-2228(緑区区政推進課企画調整係)/★年6回程度(要問合せ)/緑区の農家さんが、新鮮野菜を販売します。マイバックをご持参ください

● 東華園/十日市場町35-3/☎985-5945(12-13時)/★3-6月、11月20日-12月/毎日/営9-16/Ⓟ4/シクラメン、ベゴニア、サルビアなど

●●● 野彩家 佐藤農園/十日市場町819-10/☎981-5239/★通年(稲刈りの為9月下-10月上は休業)/㊡木・日・年始(1月1日-1月7日)/営11頃-日暮れ/Ⓟ無/横浜市認証の特別栽培農産物(米、トマト、ナス、ジャガイモ、キュウリ)。私が栽培した野菜とお米を家族も毎日食べています *P57

●●● JA横浜新治支店フレッシュ朝市/中山町76/☎931-2557(新治支店)/★4-10月(6-売)、11-3月(7-売)/日/Ⓟ5/新鮮でおいしい野菜や卵をそろえています

●● つづきがおか園/長津田2-39-17/☎981-2448/★野菜(通年)、果樹(7-9月)/㊡野菜(火・木・金・日)、果樹(木)/営9-14/Ⓟ2/当園の桃は人気があり、自慢出来る逸品です

●● 田奈恵みの里長津田支所前直売所/長津田5-1-6/☎981-6281(JA田奈本所)/★通年/火・金/㊡祝・盆・年末年始/営14-18/Ⓟ無/昭和61年開設の歴史のある直売会として今後も変わらず新鮮な地場野菜をお届けします

● 井上農園/長津田町2242-1/★3-12月/㊡不定休・年末年始/営6-売(夏)、8-売(冬)/Ⓟ2/ご希望あれば、畑からとれたて野菜をお渡しします。徒歩でのご来店をおすすめします

●野菜　●果物　●花　●その他　★営業期間　㊡休業日　営営業時間　Ⓟ駐車場

[西区]

野菜	横浜クルーズ野菜市/高島2-19-12 横浜スカイビル27階(横浜クルーズ・クルーズ内)/☎450 2111(横浜クルーズ・クルーズ)/★通年/第3火曜/営12半-14半/地元横浜の若手生産者が育てた新鮮地場野菜をお得な価格で直売しています *P148-149
野菜・果物・花・その他	ランドマークプラザの野菜市/みなとみらい2-2-1 ランドマークプラザ1階(フェスティバルスクエア)/☎03-5633-8700((有)コレクション)/営10-17(売)/開催日は横浜ランドマークタワーのホームページ「イベント情報」にてご案内します
野菜・果物・その他	みなとみらい農家朝市/みなとみらい5-2(高島中央公園)/☎671-2638(横浜市環境創造局農業振興課)/★通年/第4日曜/㊡荒天/営9-11/Ⓟ無/MM農家朝市は休日散歩コースの隠れスポット♪新鮮でおいしい横浜の農産物であなたの食卓を彩ってください *P150

[保土ケ谷区]

野菜	久保田耕司/新井町155/★4-7月、10-12月/㊡不定休/営13-売/Ⓟ無/のぼり旗と「旬菜、直売」の看板が立ててある時間帯が直売の目印
野菜	三村薫農園/川島町886/☎080-5179-9611、373-7921/★5月中-9月上、10月下-12月/㊡8月13-20日・年末年始/営9-12/Ⓟ5/とにかく新鮮がとりえです。特に露地トマトは最高です *P66
野菜	とりたて野菜三村/川島町927/☎371-5400/★通年/毎日/営14-16(日没)/Ⓟ3/とりたて野菜を販売しています
野菜	なないろ畑/川島町1215/☎373-5620/★4-12月/ほぼ毎日/㊡不定休/営10-売/Ⓟ3/露地野菜を地元の方に半世紀を通じてお届けしています。旬の野菜を地域の方と共有していきたい
野菜・果物	キミちゃんち!/川島町1217/★野菜ができたとき/㊡不定休/営午前中/Ⓟ無/農薬を控えめにした野菜作り。頑張りまーす
野菜	まちなか農家さんのほどがや朝市/川辺町2-9(保土ケ谷区役所前広場)/☎334-6380(保土ケ谷区地域協働課)/★通年/第4土曜(7月と11月は第2土曜)/営9半-売/Ⓟ無/保土ケ谷産の新鮮野菜を販売しています
野菜	新桜ケ丘野菜直売所/新桜ケ丘1-20-28/☎351-7171(JA横浜新桜ケ丘支店)/★通年/毎日/㊡年末年始/営10-売/Ⓟ3/新鮮、とれたて野菜を生産者が対面販売しています
野菜・果物・その他	FRESCO(フレスコ)/西谷町960-2/☎090-2646-4147/★通年/月・水・金/㊡3月/営14-18/Ⓟ4/土作りにこだわっています。http://fresco.opal.ne.jp/ *P64
野菜	白井光春/西谷町1049/☎090-3340-2074/★不定期/Ⓟ無/農薬や化学肥料の使用を控えめにした野菜作りを心がけています
野菜	白井 茂/西谷町1087/☎381-4905/★通年/月・水・金/営9-18/Ⓟ無/安くきがるに買える直売所です *P65
野菜・その他	河原農園野菜直売所/西谷町1187-2/☎381-2411/★4-12月/月・水・金/㊡祝/営14-売/Ⓟ無/小さな直売所ですが、季節の野菜を少量多品目で販売しています。トマトケチャップ、ドレッシングなどの加工品も *P132-133
野菜・果物	横浜中部地区市民朝市/花見台4-2(県立保土ケ谷公園ミニ運動広場)/★通年/第1・3日曜(12月は第1日曜と12月23日に開催)/㊡雨天・1月/営7半-8半(売)/Ⓟ有/公園駐車場をAM8:25まで利用可。8:30以降は有料になります *P96
花	塩川花風園/藤塚町13-40/☎090-8343-5139、351-7007/★通年/㊡不定休/営10-17/Ⓟ有/彩り豊富・珍しい品種も手がけています。横浜市環境保全型農業推進者の認定を受けています
野菜	山本温室園/仏向町457/★12-6月/㊡木・年末年始/営10-12、13-17/Ⓟ3/12月より6月末まで販売している中玉房採りトマト「カンパリ=Campari」がおすすめです *P66
野菜	山本農園/仏向町700/☎332-2127/★1月中-8月、9月下-12月/毎日/営7-18(冬7-17)/Ⓟ1/温室トマト、キュウリを中心とした多目的販売です(小銭、エコバックをご用意下さい)
花	福田園芸/仏向町1450/☎332-2028/★1-6月(9-18時)、10-12月(9-16時)/毎日/Ⓟ有/横浜市環境保全型農業推進者の認定を受けています
野菜	藤巻亮一/峰沢町73/★6-7月、11-1月/土/㊡雨天/営10-売/Ⓟ無/味にこだわった野菜作りをしています

[緑区]

野菜	岩岡 実/青砥町582/☎931-0683/★5-12月/不定期/営9-16
花	河原園芸/いぶき野47-8/☎981-2473/★通年/営10-18(1-3月は10-17)/Ⓟ3/寄せ植えもあります。ご来店お待ちしております
果物	竹井園/鴨居町848-1/☎932-0333/★8月中-10月上/火・木・土・日/営13-/Ⓟ有/多品種で色々な味を楽しめます
果物	渡辺幸男/北八朔町181/☎931-4473/★8月中-9月上/㊡月/営10-売/Ⓟ4/初秋のごあいさつに浜なし、浜ぶどう
野菜・果物	北八朔農産物利用組合/北八朔町220-1/☎932-3915/★8月上-9月下/毎日/営10-15(売)/Ⓟ5/おいしいナシ、ブドウをぜひお試し下さい
果物	松風園/北八朔町991/☎931-4613/★8月上-9月下/㊡不定休/営10-12、15-17(売)/Ⓟ4/心をこめて、生産・販売をしています

浜西園/汲沢町405/☎881-1611/★9-11月/毎日/(営)10-17/Ⓟ5/旗の出る日が営業日です

川むかい園/汲沢町479/☎881-6207/★8月15日-9月15日頃/㊡日/(営)10-12、14半-18/Ⓟ6

石原園/汲沢町530/☎861-0471/★8-9月中/月・金/(営)10-18/Ⓟ2

石井ファーム/汲沢町702/☎881-3882/★5-8月(火・土)、9-12月(土)/(営)14-18/Ⓟ3/安心、安全、おいしい

大島園/汲沢町1236/☎881-1704(12-13時、18-19時)/★通年/毎日/(営)日没まで/Ⓟ有/ガーデニング教室、花壇製作行っています

野菜直売所/汲沢町1307-1/☎881-5720/★通年/毎日/(営)9-17/Ⓟ2/畑から取り立て、新鮮野菜です

小間果樹園/小雀町190/☎851-6513/★通年/毎日/(営)9-12/Ⓟ有

戸塚野菜直売所/戸塚町4028-3/☎881-0072(戸塚支店)/★通年/毎日/㊡1月1日-1月8日・不定休/(営)9-19(売) *P80

ヒロタファームとれたて野菜直売所/戸塚町4953/☎881-1978/★通年/金/㊡3月・9月/(営)9-17/Ⓟ1/横浜市環境保全型農業推進者です

ナセグリーンゴルフ/名瀬町1676/☎813-2220/★通年/毎日/(営)8-12/Ⓟ100/収穫時期が限られるので、事前に電話連絡の上ご来店ください *P95

森　一/原宿3-3-1/☎851-5958/★通年/週6/㊡不定休/(営)9-16

石井農園/東俣野町884/☎851-0805/★3-6月/毎日/(営)10-17/Ⓟ6/完熟トマトを販売しています

横浜(大)農園直売所/東俣野町1126/☎851-0590/★通年/㊡日・盆・年末年始/(営)8-16/Ⓟ2/主食であるお米、野菜全般、柿、梅、プラム等の果樹も販売しています

ひでさんち/東俣野町1247/☎851-3737/★通年/㊡荒天・12月31日-1月4日/(営)7-17/Ⓟ6/購入者の気持ちを考えて、極力農薬を使用していません

しみずシンカ園俣野分場/東俣野町1596/☎852-9841、090-9012-1545(9-16時)/★5-8月(月-金)、11月20日-12月(毎日)/(営)9-16/Ⓟ10/5-8月ポーチュラカ、11-12月シクラメン直売

露木園芸/東俣野町1597/☎852-2266(9-17時)/★通年/毎日/(営)9-17/Ⓟ10/自由に見学でき、状態の良い花を選べます *P78

三枝木果樹園/平戸町528/☎822-3309/★5月下-6月下(ウメ)、8月10日-9月中(ナシ)、10月下-12月上(カキ)、11月中-12月下(ミカン)/毎日/(営)10-売/Ⓟ4/近所の農園に囲まれた一画、通学路にあるお店 *P94

柴田農園/平戸町826/☎822-3149/★5-12月/毎日/(営)9-売/Ⓟ5 *P94

岩崎農園/平戸町5410/☎822-0451/★8月上-9月上(ナシ・ブドウ)、11月中-12月上(ミカン)/毎日/(営)9-17(売)/Ⓟ10/地域の方に喜んで貰える農業環境(花のある農園)と新鮮でおいしい果物を提供しています *P94

岩﨑果樹園/平戸町5418/☎822-3304/★8-12月/毎日/(営)10-12、14-17/Ⓟ5/もぎとりができます。定休日はありませんが、急用で休む事あり *P94

八丁園ナーセリー /深谷町623-46/☎851-0249(8-17時)/★通年/毎日/(営)8-17/Ⓟ有/花苗の種類が多い(25種類以上)

北光農園/舞岡町753/☎822-3047/★3-8月/毎日/(営)8-18/Ⓟ5

舞岡や/舞岡町776/☎824-0075/★通年/㊡火/(営)平日(7時半-12時)、土・日・祝(7時半-14時)/Ⓟ10/新鮮、安全、安心の品物を販売 *P74

ハム工房まいおか/舞岡町777/☎822-5789/★通年/㊡火/(営)9半-16/Ⓟ10/ブランド肉「はまぽーく」は直営農場である北見畜産(有)のものを使用 *P75

しみずシンカ園保野分場/舞岡町869-2/☎822-0606、090-9012-1545(9-16時)/★11月20日-12月/毎日/(営)9-16/Ⓟ10/11月、12月シクラメン直売

舞岡ふるさと村　かねこふぁ〜む/舞岡町1911/☎823-1222/★通年/㊡月・火/(営)11-17/Ⓟ10/庭に直売所と喫茶「あとりえ」があり、来園者が「ホット」する農業空間があります *P74

金子三水園/舞岡町1913/☎823-6710/★8-9月上/毎日/(営)11-売/Ⓟ5/5月から9月上旬は、近くの畑でも火・木・土の17時より売り切れまで直売をしています

川上支店即売グループ/前田町85/☎822-1131(JA横浜川上支店)/★3-12月/10・26日(土・日・祝なら翌日営業)/㊡不定休/(営)7半頃-売/Ⓟ10/地元生産にこだわり、皆さまから好評です!!

大黒園/俣野町65/☎851-0476(9-11時半、13時半-16時)/★通年(ご来店前に電話連絡のうえご確認ください)/毎日/(営)9-11半、13半-16/Ⓟ5

●野菜　●果物　●花　●その他　★営業期間　㊡休業日　(営)営業時間　Ⓟ駐車場

●	中山実さんと中山勇さんの直売所/葛が谷3-3/★4月下-8月上(月・水・金・土)、10月下-3月上(月・水・土)/(営)10-売/Ⓟ無/直売所から半径1Km以内の畑で採れた野菜のみを出しています。農薬もなるべく使わないように工夫しています　*P19
●	サエド園/佐江戸町1358/☎931-1358/★8-12月/(営)12-17(要予約)/Ⓟ5/サエド園から美味しい果物をお届けします
●	Farm-K 金子/佐江戸町2055/☎932-1451/★8-11月/不定期/(営)12-17/Ⓟ4/ナシは有機肥料主体でつくっています
●●	都筑ハーベスト直売所/茅ケ崎中央1-1(センター南駅内)/☎945-7174/★通年/金/(営)10-14半/Ⓟ無/畑では化学合成肥料、化学肥料を使わず栽培しています　*P12
●●	都筑ハーベスト直売所/茅ケ崎中央32-1(都筑区総合庁舎1Fロビー)/☎945-7174/★通年/金/(営)10-14半/Ⓟ有(区役所)/畑では化学合成肥料、化学肥料を使わず栽培しています　*P12
●●●	都筑野菜朝市/茅ケ崎中央32-1(都筑区総合庁舎駐車場横通路)/☎948-2225(都筑区区政推進課企画調整係)/★通年/第2・第4土曜/(営)9半-12/Ⓟ有(区役所)/複数の農家グループと2つの養鶏農家が交代で販売しているので飽きさせません
●●●●	港北ニュータウンふれあい朝市(中川駅)/中川1-9(歩道橋の階段付近)/☎941-3186/★通年/日/(営)6半-売/Ⓟ無/タケノコその他季節の新鮮野菜を販売しています　*P96
●●	丸子園/中川2-3-24/☎911-3506/★11-3月/㊡雨天・不定休/(営)8-16半/Ⓟ3/味が濃いみかん、柑橘です。一度ご賞味してください
●●	酒川農園/中川4-3-5/☎911-0625/★10-12月/毎日/(営)10-17/Ⓟ1/すべての品物、地方発送を行なっています
●●	港北ニュータウンふれあい朝市(センター北駅)/中川中央1-1-1/☎941-3186/★通年/火・木/(営)13-売/Ⓟ無/竹の子その他、季節の野菜を販売しています　*P96
●	長谷川農園/東方町642/☎941-2886/★8-9月上/不定期(要予約)/(営)9-売/Ⓟ2/おいしく大きな浜なし売ってます
●●	ひまわり(MARUIファーム)/東方町991/☎090-3227-2035/★6-10月(月・水・土)、11-3月(週2、不定期のため要問合せ)/(営)14-16半/Ⓟ10/ブルーベリー・イチジク狩りもできます http://www7b.biglobe.ne.jp/~maruifarm/
●	平本養鶏場/東方町1771/☎942-0978/★通年/毎日/(営)9-17/Ⓟ5/新鮮鶏卵を毎日お届けします
●	吉田園芸/東山田町290/☎591-0246(温室 9-17時半)、591-4811(自宅 17時半-)/★4-6月、11月最終土曜-12月/毎日/(営)9-17半/Ⓟ5/品質にこだわって作っています
●●	織茂養鶏場/南山田町4526/☎591-3428/★通年/毎日/(営)9-12、13-17/Ⓟ5/産卵当日の卵がゲットできます　*P19
●	ねもと園直売所/見花山13/☎941-5683/★12-6月/毎日/(営)8-12(売)/当直売所では、イチゴとトマトが中心です。目玉商品として、ねもと園オリジナルのイチゴ(プリンスベリー)が人気です

[鶴見区]

●	滝川園芸/上の宮1-3-10/☎572-9577(9-17時)/★通年/㊡日・祝/(営)9-17/Ⓟ有/良質のシクラメンを育てています。横浜市環境保全型農業推進者の認定を受けています
●●	ももたろうトマトハウス/北寺尾5-3-31/☎582-0545/★6-7月、11-1月/火・木・土/(営)10-12
●●	鶴見支店直売所/駒岡3-32-27/☎573-1111(JA横浜鶴見支店)/★6-7月、11-1月/火・木・土/(営)10-12/Ⓟ10
●	永島園芸/東寺尾1-19-22/☎572-5628(9-16時)/★通年/㊡9月20日-10月31日/(営)9-12半、13半-17/Ⓟ有/多品目・色とりどりの花があります。横浜市環境保全型農業推進者の認定を受けています

[戸塚区]

●	芝口果樹園/影取町146/☎852-1445/★8-9月(毎日)、10-12月(土・日・祝)/(営)10-16/Ⓟ20　*P83
●●●●	東戸塚市民朝市/川上町242/☎822-1131(JA横浜川上支店)/★4-10月(6時半-8時)、11-3月(7-8時)/第1日曜(12月はクリスマス前後の日曜も開催)/㊡1月/Ⓟ15/市内で最も歴史のある市民朝市　*P96
●	丸伝農園/汲沢4-25-1/☎881-1183/★8-9月/毎日/(営)10-18/Ⓟ10/完熟梨の直売
●●	髙村果樹園/汲沢4-34-1/☎861-1094/★8-9月中/毎日/(営)10-17/Ⓟ5/朝採りでおいしいです
●	汲沢オレンジファーム/汲沢5-35-5/☎881-3276/★1月中-9月下(土・日・祝)、10月上-12月中(火-日)/㊡雨天/(営)10半-15/Ⓟ10/芝生の上でお弁当を広げながら一日ごゆっくりお過ごしください
●	つゆき果樹園/汲沢町350-5/☎881-1610/★8月16日-9月上/毎日/(営)8半-売(午前中まで)/Ⓟ10
●●	わたど園/汲沢町372/☎881-0143/★8-9月/毎日/(営)売り切れまで/Ⓟ6/梨、朝もぎ完熟、風味最高

仙田青果/南瀬谷1-72-1/☎301-4750/★通年/㊡土・日・祝/(営)10半-18半/Ⓟ無

新鮮野菜直売所/南瀬谷2-34-1/★通年/㊡雨天/(営)8-売/Ⓟ無/ぜひ一度うちの野菜を食べてみて下さい。リピーターが多いお店です

瀬谷園芸/宮沢2-35-2/☎301-5951、090-6562-6471(9-17時)/★11-5月、7月中-7月下/毎日/(営)要問合せ/Ⓟ無/JAの直売所(瀬谷農産物直売所、南万騎が原農産物直売所)にも出荷しています

小川直売所/宮沢3-24-22/☎301-0259/★通年/㊡雨天・不定休/Ⓟ1/有機肥料をたっぷり使って育てた甘くて柔らかい野菜です

上杉政五郎/宮沢4-2-1/☎301-2004/★通年/㊡月/(営)7半-17(季節により変更)/Ⓟ3/新鮮な野菜を召し上がって下さい

[都筑区]

島村園/池辺町1067/☎941-3605/★8月中-9月中/毎日/(営)9-17(売)/Ⓟ2/浜なしは、直売、又宅配発送を行なっています

栗原直売所/池辺町1265/☎941-0015/★5-8月/㊡日/(営)10-売/Ⓟ無/池辺農専内で朝どり野菜を中心に販売しています

さの農園/池辺町1415/☎942-0746/★5-7月、11-1月/㊡不定休/(営)8-売/Ⓟ2/1kgあたり400円で自販機で販売しています

元木園芸/池辺町1491/☎941-4771(10-16時)/★4-7月、9-12月/毎日/(営)10-16/Ⓟ有/池辺富士の下で生産しています

みとめ園のいちご/池辺町1503-1/☎090-7830-3744/★12-5月上/㊡不定休/(営)9-12/朝もぎですよ

ひでくんちのいちご畑&やさい畑/池辺町1577/☎080-6705-1515/★12-6月(イチゴ)/㊡不定休/(営)9-売/イチゴ狩りも出来ます(要予約)。ホームページもあります。6月から11月は野菜の引き売りをやっています(水・日、10時-売、保土ケ谷区峰沢町342県営団地内) *P12

たまるフラワー/池辺町1918/☎945-2799(9-17時)/★通年(花)、4-5月(野菜)/毎日/(営)9-17/Ⓟ有/野菜苗も生産しています。横浜市の片田舎のようなところにあります

若林園/池辺町1942/☎941-0009/★8月中-9月中(ナシ)、10月中-11月(カキ)/不定期/(営)9-17/Ⓟ3/ナシ(幸水、豊水) カキ(太秋、富有、次郎)あまくて、おいしいよ!!

中下園/池辺町3194/☎941-4719/★3-12月/毎日/(営)10-19/Ⓟ2

宮台利雄/牛久保町1836/☎911-0282/★通年/土/(営)16-19/Ⓟ2/旬の野菜、タケノコ

都筑みかん園ながさわ/牛久保町1908/☎911-2494/★11月下-1月上/毎日/(営)9-18/Ⓟ4/なつかしい味のみかんです *P32

髙橋農園/牛久保東1-29-26/★1-4月(不定期)、5-12月(月-土)/㊡不定休/(営)9-17/Ⓟ1/店のとなりが畑です

神原 実/荏田南1-14-3/★通年/㊡不定休/(営)売り切れまで/Ⓟ無/自動販売機にて販売しています

大矢農園直売所/荏田南2-8-2/☎941-8403/★通年/㊡水・木・盆・年始/(営)11-12、13半-17/Ⓟ無/お客様の美味しかったの言葉を励みに、少ない農薬で安全、安心な野菜を生産して販売しています

志村農園直売所/荏田南4-34-5/☎911-3263/★通年(8月休業)/金/(営)14-17/Ⓟ3/品揃えの多さと、元気な看板娘が自慢です!!

志村徳司/荏田南5-3-13/☎941-3266/★通年/火・木・土/㊡不定休/(営)9-16(売)/Ⓟ3-4/自宅で食べきれない物を近隣の方に販売しているだけ

大熊にこにこ市/大熊町401-1/★4-9月(15時半-17時半)、10-3月(15-17時)/月・金(祝日は休業)/Ⓟ1/新鮮・安全、地元の野菜 *P18

新鮮野菜直売所/大熊町810/★通年/㊡年始/(営)8-日没/Ⓟ無/2軒の農家で運営しているので品数は豊富です。コインロッカー式の直売所です *P130

吉野英一/大棚町454/★通年/㊡悪天/(営)夕方迄、お日様と共に/Ⓟ無/できるだけ農薬を少なく、肥料も牛ふんなど使って50年。見てくれが悪くても皆さんおいしいと言ってくれます

名賀佐和園芸/折本町2212/☎943-0003(9-17時)/★通年/毎日/(営)9-17/Ⓟ有/一年中、花があります

大澤 博/川和台9-3/★6-8月上(月-金)、その他(火・金)/㊡収穫のない時/(営)14半-20/Ⓟ無/新鮮野菜の100円ショップです!

角田敬一さんの直売所/川和町1817-4/★通年(8-9月休業)/㊡月・金/(営)12-日没/Ⓟ5/来店時には、ご意見ご要望等をぜひ。販売品目などの参考にさせていただきます *P19

根本照雄/川和町2499/★通年/㊡年始/(営)売切れまで/Ⓟ3/おいしい野菜を低価格で!

港北ニュータウンふれあい朝市(都筑ふれあいの丘駅)/葛が谷3-3/★通年/日/(営)6半-売/Ⓟ無/新鮮なので、是非買いに来てください *P96

●野菜 ●果物 ●花 ●その他 ★営業期間 ㊡休業日 ㊔営業時間 Ⓟ駐車場

● 杉崎農園/日吉5-32-12/★8-10月/毎日/㊔9-12/Ⓟ2/イチジクを販売。完熟、朝収穫したものをその日のうちにお届けします
*P91

●●●● 日吉朝市の会/日吉本町3-31-17/☎563-6161(JA横浜日吉支店)/★通年/木(祝も営業)/㊡悪天時/㊔10-11/Ⓟ2/近隣農家の季節の野菜、果物が皆様をお待ちしています

●●● JA横浜港北支店直売出店者会/大豆戸町207/☎542-1581(港北支店)/★通年/水/㊡年末年始/㊔10-13/Ⓟ10/地元の新鮮な野菜・花・卵を販売しています

[栄区]

● 吉野果樹園/金井町218/☎851-4189/★8-10月/毎日/㊔9-17/Ⓟ無

● 森果樹園/上郷町1050/☎891-7227/★8-9月/毎日/㊔10-17/Ⓟ3

●● 本郷パン/公田町536/☎891-2491/★通年/㊡日/㊔7半-18/Ⓟ無/地元野菜、漬物、花、菓子(おすすめ品・特売品有り)

●● 田中農園直売所/小菅ケ谷3-6-1/☎892-0507/★通年/火・土/㊔13-18(夏)、13-17(冬)/Ⓟ1/なるべく鮮度の高い野菜を出しています

● 矢島農園/田谷町1392/☎090-3592-4466/★通年/㊡月・木・金/㊔8-13/Ⓟ10/売り切れの品は、すぐ畑にとりに行きます
*P80

● 矢島花園/田谷町1399/☎851-3705(12-13時、18-20時)/★4-6月、11-12月/毎日/㊔9-17/Ⓟ有/温室の中から好きなお花を選べます

[瀬谷区]

● まこと果樹園/相沢4-21-1/☎304-9850、080-5077-8094/★果樹の採れる時期/毎日/㊔9-16/Ⓟ5-10/自宅を果樹園化、毎日、何時でも果樹を…?

●● おくつファーム/相沢6-37-1/☎301-4556/★通年/週3-4回/㊡不定休/㊔9-12(夏)、10-13(冬)/Ⓟ3

● 小林果樹園/阿久和西4-26-1/☎361-7969/★6-11月/不定期/Ⓟ4

● きたい農園/阿久和東1-13-9/☎363-1200/★通年/㊡日・祝/㊔8半-売/Ⓟ無/良品の物を安く提供しています

● 増田梅夫/阿久和南/☎361-5667/★通年/毎日/㊔8-17/Ⓟ2

● 高橋ぶどう園/上瀬谷町16-6/☎090-3220-5526/★8月上-9月上/㊡月・水・金/㊔10-16/Ⓟ5/新鮮なブドウを販売しています

● 大塚忠利/上瀬谷町28-9/☎921-3308/★5-12月/月・水・土/㊔4-売/Ⓟ10/旬の時期に旬の物を販売する

●● 嶋森直売所/上瀬谷町上瀬谷住宅付近/☎302-2069/★6-9月(毎日)、10-3月(火・木・日)/㊔8半-14半/Ⓟ4/とれたて新鮮野菜の直売所です。じいじとばあばのお店

●● 市川農園/下瀬谷3-3-7/★通年/毎日/㊔14-18/Ⓟ3/夏の露地トマトは、すぐに売り切れるほどの人気です

● 奥津農園/瀬谷5-14/☎090-6715-6419/★5月中-3月上/㊡日・祝/㊔9-13半(売)/Ⓟ5/新鮮で安全・安心野菜を提供しています。また、料理のレシピを教えます。お気軽にお越し下さい

● 相原ブドウ園/瀬谷5-26-10/☎301-6137/★8-11月/火・木・土・日・祝/㊔10-売/Ⓟ8/10月下旬より11月中旬までみかん狩りが出来ます

● 上瀬谷直売所グループ/瀬谷町7634-2/★通年/㊡盆・年末年始/㊔8-売/Ⓟ有/モロコシ等 *P105

● 秋本儀一/竹村町1-10/☎301-3922/★通年/㊡年始/㊔9-日没/Ⓟ1/すべて100円で販売しています

● 石川果樹園/橋戸2-27-2/☎090-8740-2308/★8月上-9月中(火・木・土)、10月上-11月下(火・土)/㊔10-売(要問合せ)/Ⓟ5/横浜ブランドの浜なし、浜かきの販売。全国に宅配もできます

●● 瀬谷支店土日直売所/本郷2-32-10(JA横浜瀬谷支店敷地内)/★6-11月(6-7時)、12-5月(7-8時)/土・日/㊡年末年始・不定休/Ⓟ10/顔の見える新鮮な野菜を販売しております

●● 守屋 浩/本郷3-26/★通年/月・水・金/㊡祝/㊔14-18/Ⓟ無/畑の垣根にクワの木があります。クワの葉や実がなります

● 守屋 弘/本郷3-44-3/★通年/㊡日・祝・荒天時(夏・冬季休有)/㊔昼頃-日没/Ⓟ1/畑でおいしい物を自分の手で作っています

● ハウスの仙田農園/南瀬谷1-30-1/☎302-0453/★5-8月(8-11時半,売)、9-4月(8時半-11時半,売)/㊡日/Ⓟ1/どなたでも気楽に立ち寄ることが出来る直売所です!

森 周二/大倉山3-56-20/★通年/月・水・金/(営)14-18/Ⓟ無/生産者の顔が見えて安心。バス通りに面している

フレッシュビーンズ/小机町80/☎471-7751/★通年/火・土/㊡7月下-9月下/(営)14-17(6-7月は15-17営業)/Ⓟ無/小さな直売所ですが、真心込めた野菜を並べています *P48

フレッシュビーンズ/小机町531/☎471-7751/★通年/月・水・金/㊡7月下-9月下/(営)14-17(6-7月は15-17営業)/Ⓟ無/小さな直売所ですが、真心込めた野菜を並べています *P48

JA横浜小机農産物直売所/小机町960-1/☎471-8981(小机支店)/★通年/土/(営)8半-10/Ⓟ3/生産者グループが夫婦そろって販売。作付指導から調理方法まで相談ください

堤園芸/小机町1205/☎471-9531(12時半-13時半)/★4-6月、11-12月/毎日/(営)10-16/Ⓟ有/花と緑で心のゆとりを

浅田農園/小机町1595/☎471-8189/★4-8月、10-1月/月・水・金/(営)7-17/Ⓟ3/常時15種以上販売

横溝梨園/新吉田町3983/☎591-1396/★8-9月/週3(不定期)/(営)10-17/Ⓟ5

山本果樹園/新吉田町5416/☎592-7976(直売期間限定)/★8-9月(10-17時)、12月(10-16時)/毎日/Ⓟ6/肥料にこだわって味の良いものを提供するように心掛けています

(株)コトブキ園/新吉田町5583/☎593-5201/★通年/月・木/(営)8-11/Ⓟ5-6/鶏卵を販売しています

坂口屋/新吉田町6037/☎592-4157/★8月15日-9月15日(ブドウ)、10月15日-12月10日(カキ)/毎日/(営)8-17/Ⓟ3/うまいですよ

山信園/新吉田町6089/☎090-3247-7357(9-17時)/★5-6月、10-11月/毎日/(営)9-17/Ⓟ10/駐車場あります。配達うけたまわります

井田農園/新吉田東1-75-8/☎531-2066/★8-9月/毎日/(営)10-15/Ⓟ5/皆様に満足いただける味に仕上げてあります

田辺ファーム/新吉田東3-29-28/☎592-7774/★通年/月・水・金/(営)10-17/Ⓟ1/四季折々の野菜を提供

政喜園(自宅)/新吉田東3-41-25/☎592-7874/★8-9月/毎日/(営)10-13/Ⓟ2

田中園/新吉田東6-57-10/☎592-4695/★8月中-9月/毎日/(営)10-17/Ⓟ1

横浜農協新田支店青壮年部野菜グループ直売会/新吉田東8-4-10/☎531-7241(新田支店)/★4-7月、10-12月/月1回(要問合せ)/(営)9-12/Ⓟ15/新鮮さ、味、季節の野菜が自慢です

藤花園/新吉田東8-17/☎544-8349、090-1435-7736(10-17時)/★11月25日-12月25日/毎日/(営)10-17/Ⓟ3

坂倉農園/新吉田東8-20-6/★6-8月中旬/月・水・金/(営)16-18/Ⓟ有/ファミリーレストラン駐車場にテントを張っての直売です。お車でもどうぞ

エバラ花園/高田町1899-1/☎591-0827(10-17時)/★11月1日-12月25日(パンジー、ビオラ)、12月1日-12月25日(シクラメン)/毎日/(営)10-17/Ⓟ3/パンジー、ビオラの品揃えが豊富。(50-60種類)地方発送あり。心をこめて作っています

箕輪養鶏/高田町2485-1/☎592-2236/★通年/毎日/Ⓟ2-3/モーツアルトの曲を聞かせて飼育した卵です。自動販売機で販売しています

小泉農園/綱島西5-18/★6-7月(月・水・金・土 8-9半)、11-1月(水・土 14-15半)/Ⓟ無/剪定枝を堆肥にした土作りと、ほとんど農薬を使わない、自然へのこだわり

(有)綱島ピーチゴルフセンター /綱島東1-8-29/☎531-2475/★4-11月/随時/(営)10-17/Ⓟ20/農薬を使用しない栽培

大和園/綱島東2-8-41/☎531-2248(9-17時)/★3-6月、11-12月/㊡月/(営)9-17/Ⓟ6/長い間楽しめる丈夫な花づくりを心がけています。11月下旬よりシクラメンの直売を始めます

土志田園芸/鳥山町28/☎471-2767(9-19時)/★通年/毎日/㊡1月1日-1月4日/(営)9-19/Ⓟ有/温室(300坪)内の生産品、すべて直売します。常設売店あります

八木下芳明/鳥山町145/☎471-9694/★通年/月・水・金/㊡祝/(営)16-19/Ⓟ5-6

花光園/新羽町964-36/☎718-5975(10-17時)/★通年/毎日/(営)10-17/Ⓟ有/あまり市場や店に出回らない珍しい花木、宿根草を生産しています。ホームページをご覧ください。http://www.kakouen.com *P21

神明園/新羽町1392-1/☎090-8645-1948(10-18時)/★12月1日-12月25日/毎日/(営)10-18/Ⓟ有/地方発送承ります。愛を込めて♡

三橋園/新羽町1588/☎531-8096/★8月上-9月上/毎日/(営)12-売/Ⓟ5/朝収穫した新鮮な果実を食卓へ *P88-89

横浜農協新羽支店青壮年部野菜グループ直売会/新羽町1625-1/☎547-2811(新羽支店)/★4-7月、10-12月/月1回(要問合せ)/(営)10-12/Ⓟ無/朝どりの新鮮な野菜が自慢です

フレッシュベジタブル/新羽町2516/★5-8月、11-2月/月・水・金/(営)14-17半/Ⓟ5/季節の野菜いろいろ…朝とれたてのいつでも新鮮 *P51

西山園芸/新羽町4491/☎592-2088(8-17時)/★4-12月/毎日/(営)9-17/Ⓟ有/いろいろな種類のお花を作っています

●野菜 ●果物 ●花 ●その他 ★営業期間 (休)休業日 (営)営業時間 Ⓟ駐車場

- ● 小泉園芸/菅田町1315/☎472-4045(9-17時)/★通年/毎日/(営)9-17/Ⓟ有/季節ごとに異なる品種を作っています。横浜市環保全型農業推進者の認定を受けています。お気軽にお立ち寄りください
- ● 加藤園芸/菅田町2977-4/☎413-2360(10-17時)/★11月23日-12月15日/毎日/(営)9-17/Ⓟ10/数ある中から良いものを! 横浜市環境保全型農業推進者の認定を受けています
- ● 平本農園/羽沢町657/☎383-2354/★通年(2.3.9月は不定期)/月・水・金/(休)年末年始/(営)7-売/Ⓟ5/枝豆、夏野菜、トマト、キュウリ、ナスなどなるべく農薬を使用しない
- ● 武花園(たけるかえん)/羽沢町658-3/☎383-0799(温室9-12時)、383-2067(自宅)/★通年/(休)日曜日(シクラメンの時期11月中-12月中は無休)/(営)9-12/Ⓟ5/買いに来ると元気が出ます
- ● 内田花園/羽沢町722-1/☎381-9418(9-17時)/★通年/毎日/(営)9-17/Ⓟ20/うちの温室は自然がいっぱいです。季節を問わず1年を通してお花があります。横浜市環境保全型農業推進者の認定を受けています
- ● 誠美園/羽沢町1011-2/☎381-6543/★4月中-6月上(西洋アジサイ)、11-12月(シクラメン)/(営)9-18/Ⓟ有/営業日お問い合わせください。こだわった地球に優しい花づくりをしています。http://www.1187seibien.com/
- ● 政喜園(果樹園)/羽沢町1427/★8-9月/火・木・土・日/(営)16-17/Ⓟ2-3
- ●●● (勝)平本農園/羽沢町1803/☎371-5273/★2-7月(野菜:月・水・金 13半-17)、8-9月(果物:毎日 10-11半、14-16)/Ⓟ4/知恵と有機の畑です。安全・新鮮
- ● ひらもと花園/羽沢南2-32-7/☎383-2359(9-17時)/★3-8月、10-12月/毎日/(営)10-17/Ⓟ10/多数の品目を取り揃えて、お待ちしております。横浜市環境保全型農業推進者の認定を受けています
- ● わが町かながわ新鮮野菜市/広台太田町3-8(神奈川区役所別館1階区民ホール)/☎411-7027(神奈川区区政推進課)/★5月中-7月中、10月中-12月中(変動あり)/水/(休)祝/(営)10半-12:15(売)/Ⓟ有(区役所)/障害者地域作業所メンバーが区内産の野菜を販売します

[金沢区]

- ● 平野農園/釜利谷東2-20-22/☎701-4468(10-18時)/★通年/毎日/(営)10-18/Ⓟ有/栽培方法は丁寧にお教えいたします
- ●● 柳下喜久男/釜利谷東3-2-33/☎781-9152/★5-8月/水・土/(営)7-9/甘いトマトを作っています
- ●● 柴シーサイドファーム直売所/柴町464/☎785-6844/★通年/土・日/土曜日は5-8月(6半-15時)、3・4・9・10月(6:45-15時)、11-2月(7-15時)、日曜日は通年(7-15時)営業 *P136
- ● 松一農園/柴町464(柴シーサイドファーム内)/☎090-1995-7600、701-7600/★6-9月/毎日/(営)7-12/Ⓟ5/完熟トマトのもぎ取り販売 *P136*154

[港南区]

- ● ちぼり堂/港南台6-4-11/☎835-1383/★通年/(休)月/(営)10-19/Ⓟ5/市内産ハチミツなど。円海山付近のフジやサクラなど香り抜群 *P58
- ● 森農園/下永谷6-12-21/☎822-7879(9-17時)/★通年/毎日/(営)9-12、13半-17/Ⓟ5/シクラメンはパーシカム系(在来種)を中心に6号鉢-尺鉢まで生産しています。価格は3,000円からです
- ● 森 義治/下永谷1920/☎822-2708/★通年/毎日/(休)悪天時/(営)8-17
- ● 松田フラワーガーデン/芹が谷5-11-15/☎822-0384(夕方)/★10月下-12月中/毎日/(営)問合せ/Ⓟ無/丈夫で新鮮な花を生産しています *P78
- ●●● 野庭農産物直売所/野庭町671-9/☎845-7548/★通年/毎日/(営)10半-17/Ⓟ無/7人の農家が毎日、採れたての野菜を並べます
- ● 野庭ぶどう園いちざわ/野庭町2203/☎842-8946/★8-9月/(休)日/(営)10-16/Ⓟ5/農薬を使用しないハウス巨峰のぶどう狩り
- ● グリーン武内/野庭町2204/☎844-7541/★9月中-6月下/土・日/(営)10-16/Ⓟ無
- ● 一澤梨園/野庭町2371/★8-9月中/毎日/(営)10-売/Ⓟ無/直売は1kg600円から。もぎ取りは予約で受け付けます。B級品は価格を下げて販売します
- ● 臼井園芸/日野4-7-17/★通年/毎日/(営)9-12、13半-17/Ⓟ無/他の人があまり作っていない色、種類を作っています
- ●● JA横浜港南支店農産物販売所/丸山台1-15-3/☎842-1662(港南支店)/★5-8月、10-1月(変動あり)/週1-3回/(営)9半-12/Ⓟ有/営業日は港南支店までお問い合わせください

[港北区]

- ● 漆原農園/大倉山2-35-1/☎541-0536/★通年/毎日/(休)悪天/(営)9-16(売)、夏期6-16(売)/Ⓟ無/少ない農薬栽培の野菜を心がけて作っています。明るい家族の愛情たっぷり野菜達です。ご賞味下さいませ

自然館/下飯田町1734-2/☎802-3297/★通年/㊡水/営9半-13半/Ⓟ5/有機肥料たっぷりの新鮮野菜と無添加漬物販売 *P127

片野農園/下飯田町1786/☎802-8023/★通年/㊡月(祝日は営業、翌日休み)/営9半-18(夏)、9半-17(冬)/Ⓟ3/安全・安心な活き活き野菜づくりをしています

中丸康夫/新橋町119/★通年/週1-2/営13-/Ⓟ3/新鮮な野菜を予約販売しています。メールでご連絡下さい。yasuo46@uu.catv-yokohama.ne.jp

青木果樹園/中田北3-4/★8-9月上旬(ブドウ)、11-12月(ミカン)/火・木・土/営9-12(売)/Ⓟ3/完熟、もぎたてのブドウです

中西園(畑)/中田町2743/☎802-2985/★8-9月下(ナシ)/月・水・金/営14-売/Ⓟ無/もぎたてのナシをどうぞ!!

マルリョウ果樹園/中田町2837/☎803-2379/★8-10月/品物がある時/営10-売/Ⓟ無

小間園芸/中田西1-1-30(市営地下鉄立場駅コンコース)/☎802-0124/★通年/火・木(8-9月は火のみ)/営11-18/Ⓟ無/こだわり野菜と添加物を一切使わない加工品 *P120

中西園(自宅)/中田西2-6-13/☎802-2985/★8-9月下(ナシ)、11-12月(カキ)/火・木・土/営10-売/Ⓟ5/もぎたてのナシをどうぞ!!

森農園/中田西4-36-6/☎802-8579/★通年/㊡日・月・木(春・秋・冬)、月(夏)、その他不定休/営11-18/Ⓟ数台/鮮度が売り、少ない農薬栽培

三橋文雄/中田西4-37-1/☎802-8338/★通年/月・水・金/営9半-売/Ⓟ有/朝どりがたくさんありますよ

小嶋清敏/中田東2-3-29/☎802-1696/★12-6月/㊡日/営10-17/Ⓟ無/朝採りしたイチゴ・トマト等です!

小島義昭/中田東3-6-40/☎802-1857/★通年/㊡日/営14半-売/Ⓟ2/取れたての野菜をどうぞ

小山武彦/中田東3-18-16/☎804-0089/★8-5月/月・水・金/営10-17/Ⓟ数台/少量多品目を心がけています

あなた直売所/中田東3-22-11/☎802-4763/★通年/㊡土・日・祝/営9-17/Ⓟ2/新鮮で安心・安全なお野菜がいっぱいあります

小島園芸/中田東4-42-18/☎805-1677/★通年/土・日・祝/営10-17/Ⓟ5/花苗の種類、品種、豊富に取りそろえてあります

フレッシュフルーツモリ/中田南3-29/☎803-0878/★夏期(ナシ:月・水・金14時-)、その他(野菜:月・金11時-)/Ⓟ無/新鮮な「ナシ」と「野菜」を味わい下さい。

マルム農園/中田南4-11-2/☎802-4901/★7月中-9月中/月・水・金/営14半-17半/Ⓟ2/新鮮で完熟の味の良い浜なしの直売致します

トマトハウス/弥生台74-12/☎804-7800/★10-6月/㊡月/営10-売/Ⓟ30/一度食べたらくせになる水耕トマトです

緑園1丁目野菜直売所/緑園1-1-19/☎811-4405/★通年/水・土/営10-13/Ⓟ無/採れたて新鮮野菜

松本輝雄/緑園1-6-8/☎811-4252/★通年/毎日/営10-18/Ⓟ無/新鮮で1品100円です

[磯子区]

杉田野菜直売所/杉田3-11-21/☎771-4332/★通年/㊡1月・8月ともに15.16日、12月31日-1月9日/営8-16(変動あり)/Ⓟ2/4グループの出品者が4日ごとに出品します *P139

Vivo(グリーン武内)/洋光台1-16-7/☎833-2827/★通年/毎日/㊡年始/営10-18/Ⓟ10/園芸、生花、造園と幅広いスタッフがいます

[神奈川区]

加藤農園/片倉3-3-15/☎481-0437/★6-7月/火・木・土/営16-18/Ⓟ無/樹成り完熟トマト、朝採り枝豆、品数多数

三枝農園/神大寺2-30-5/☎481-4922(12-14時は除く)/★5月中-7月下、10月上-12月下/月・水・金/営15-売/Ⓟ2/旬の野菜をぜひ食べてください

北村養鶏場/神大寺4-6-24/☎491-4831/★通年/毎日/営8半-14(11-13休)/Ⓟ1

小川農産自動販売機直売所/菅田町420/☎471-6578/★通年/㊡火・木・土/営10-20/Ⓟ2/我が家で生産した品物を全て自動販売機での販売です。畑から採ってきてすぐに販売機に入れます

菅田農園直売所/菅田町922/☎472-1955//★通年/毎日/㊡不定休(3・8・9月)/営9-17/Ⓟ有 *P51

🟢野菜　🟠果物　🔴花　🔵その他　★営業期間　(休)休業日　(営)営業時間　Ⓟ駐車場

🟢	新鮮野菜の大ちゃん/和泉町4217/★2-8月(11-18時)、9-1月(11-17時)/(休)火・木・日/Ⓟ3/新鮮、安心、安全
🟢🟠🔵	長谷川果樹園/和泉町4258/☎802-2688/★5-1月(果物8-11月)/火・木・土/(休)不定休/(営)9半-売/Ⓟ10/色々な種類、品種のくだものを販売しています *P88
🔵	大矢養鶏/和泉町5078/☎802-3438/★通年/平日(9-15時)、土・祝(9-13時)/(休)日/Ⓟ5/JA横浜メルカートみなみでも販売 *P114
🟢🔵	安西二三夫/和泉町5662/☎802-3148/★通年/火/(営)13-17/Ⓟ2/わが家の旬の野菜(採りたて)、野菜の調理方法などお喋りしながら
🟢	こいのぼりの店/和泉町5792/☎802-3116/★通年/月・水・金/(営)13半-17/Ⓟ3/トマトをはじめ、四季を感じとってもらえる野菜づくりを目指しています
🟢	野菜直売店　横山/和泉町6224/☎802-3821/★通年/1-3月(水・日)、4-12月(水・金・日)/(営)10-15/Ⓟ無/つくる側のオンリーワンを目指して! トマト、トウモロコシ、枝豆は特にこだわって作っています
🟢	地産地消の店まごころふぁーむ/和泉町6224-4/☎802-2159/★通年/火・土/(休)3-4月/(営)8半-13/Ⓟ1/まごころ込めて安全、安心な野菜を提供しています
🟢🟠	横山隆男/和泉町6440/☎802-3353/★通年/(休)盆・年始/(営)8半-18(夏)、8半-17(冬)/Ⓟ2/露地野菜全般と果樹(ブドウ、カキ)を販売
🟢🔵	横山俊夫/和泉町6927/☎802-0211/★3-8月/火・金・日/(営)9半-11半、14-17/Ⓟ5-6/食卓に最高の味をお届けします
🟢🟠🔵	とまとやさん/和泉町6928/☎802-0094/★通年/火・木・土/(営)9半-11半、14-17/Ⓟ有/こだわりとまとの店 *P130
🟢	石川家/和泉町7289/☎802-3822/★6-2月/毎日/(営)7-18(日没)/Ⓟ1/新鮮をもっとうにしています
🔴	三家花園/和泉町7295/☎090-2333-5073(9-17時)/★11月23日-12月20日頃/毎日/(営)9-17/Ⓟ20/丈夫で長持ちする花を生産しています
🟢	野菜直売所/和泉町7549/★通年/(休)年末年始、不定休/(営)11-16/Ⓟ5/毎日新鮮野菜を直売します
🟠	横山果樹園/和泉町(畑)/☎802-3826/★8-11月/(休)収穫期間に掲示/(営)10半-売/Ⓟ5/少ない農薬で新鮮、安全な果物作りに努めています
🟢🟠	岸井隆治/岡津町1579/☎811-1794/★通年/(休)火・木/(営)6-16/Ⓟ無/お客さんとのコミュニケーションを大事にしています
🟢	石塚邦男/岡津町2293/☎811-4787/★不定期/品物あれば毎日/(営)8-売/Ⓟ2/ごく普通の直売所
🟢🟠	石川久雄/桂坂19-8/☎812-2611/★通年/火・木・土/(営)9-売/Ⓟ無/少ない農薬使用に心掛け、有機質を多く使っています
🟢	持田昭子/上飯田町360/☎801-3070/★5-1月/(休)日・祝(7-8月は無休)/(営)9-17/Ⓟ5/有機肥料使用しています
🟠	三橋果樹園(畑)/上飯田町2268/☎802-0233/★8-9月/(休)月・水・金/(営)10:15-売/Ⓟ無/甘くて大きい完熟ナシを販売しています
🟢🟠🔵	飯田直売所/上飯田町2769-1/☎802-1160/★通年/(休)日・祝/(営)10-18/Ⓟ1/6名の農家の方々が交代で販売しております。1日毎に交代
🟠	三橋果樹園(自宅)/上飯田町2797/☎802-0233/★8-9月/(休)月・水・金/(営)10-売/Ⓟ5/甘くて大きい完熟ナシを販売しています
🟢	飯島園/上飯田町3653/★通年/毎日/(休)雨天/(営)9-17/Ⓟ1/取れたて新鮮な野菜が揃っています
🟢	持田ハツ/上飯田町3723/★通年/(休)不定休/(営)9-日没/Ⓟ2/安心、新鮮、安い。種から手づくり。露地栽培
🟢	石井農園/上飯田町3727/☎802-3071/★通年/(休)年始/(営)8-19/Ⓟ1/季節の野菜を多種類とりそろえています
🔴	フラワー持田園/上飯田町3894/☎090-3433-6690(9-17時)/★4月末-7月末(春夏)、10月末-1月末(秋冬)/(営)9-17/Ⓟ有/良いものを安く! *P116
🟠🔴	桑原果樹洋蘭園/上飯田町4108/☎301-6282(9-17時)/★5月下-6月上(ウメ)、8月下-9月上(ナシ)、10月中-11月下(カキ)、11-2月(シンビジューム)/毎日/(営)9-17/Ⓟ3/花持ちのいいシンビジュームを生産しております。http://www.netlaputa.ne.jp/~ktakeo/
🟢	マルナ農園/上飯田町4120/★通年/(休)雨天/(営)8-17/Ⓟ3/ジャンボトウガラシ(福耳)、葉とうがらしはすごく人気があります。4月上-7月中のトマト(桃太郎はるか)は、有機質肥料を中心使用してるので、甘く、酸味のバランスがあって、美味しいですよ *P116
🟢🟠	大川果樹園/下飯田町731-1/☎803-8295/★8-11月/週6/(休)不定休/(営)10半-売/Ⓟ5/人気のナシ、ブドウですよ
🟢	道ノ駅/下飯田町1357/☎802-3178/★通年/毎日/(営)9-17/Ⓟ2
🟠	伊賀果樹園/下飯田町1373/☎802-3015/★8-12月/毎日/(営)8:45-売/Ⓟ10/築150年の古い梁のある建物で直売しています
🟢	美濃口農園/下飯田町1712/☎801-3776/★4-8月/毎日/(営)9-17/Ⓟ3/新鮮でおいしいトマトを直売しています

足立 昇/笹野台4-46-36/★通年/火・土/(営)7-10/Ⓟ2/長芋、菜の花、トウモロコシ、トマト、ナス、キュウリ他

杉山敏幸/さちが丘82/☎361-2114/★通年/毎日/(営)8-日没/Ⓟ1/「おいしかった。」と言われると励みになります

二宮農園/四季美台/★4-8月、10月(サツマイモ)、年末(冬野菜)/㊡土・日・祝/(営)10-売/Ⓟ無/JA横浜二俣川支所により、観光いもほりを毎年うけたまわっています。有機肥料を使って栽培し、農薬は無使用の時期もあります。

小川名慎吾/下川井町186/☎953-0100/★通年/㊡不定休/Ⓟ無

田辺農園/下川井町335/☎951-0243/★通年/㊡年始・不定休/Ⓟ無/野菜の自販機

田中信義/下川井町1561-2/★収穫作業時/Ⓟ無/鉄塔近くの畑です。収穫したばかりのものを出しているので新鮮です *P70

都岡地区恵みの里直売所/下川井町1567-4/★7月上、12月上の直売所祭時/(営)10-12/Ⓟ無/横浜市環境創造局のHPもご覧下さい *P70

(有)カクタス広瀬/下川井町1621-4/☎951-9087(10-18時)/★通年/㊡日・祝/(営)10-18/Ⓟ有/横浜市内随一のサボテン多肉植物専門の生産販売。手のひらサイズのミニサボテンから珍品・高級品まで幅広く手掛けています *P21

桜井輝男/下川井町2053/☎951-3796/★通年/週5(変動あり)/(営)7-16/Ⓟ1/トマトとホウレンソウが売りの直売所です

櫻井フサ子/下川井町2278/☎951-2193/★通年/㊡不定休/(営)9半-売/Ⓟ無/新鮮な野菜をお手ごろな値段で販売しています。お気軽にお立ち寄りください *P70

愛菜苑/都岡町26/☎954-3287/★要問合せ/Ⓟ3/少ない農薬栽培を心がけています

とれたて野菜フェア/鶴ケ峰1―4―12旭区役所1階/☎954-6095(旭区地域振興課)/★1、7月(日時要問合せ)/Ⓟ34/旭区の豊かな緑に育てられた新鮮な野菜をどうぞ!

内田農園/二俣川1-41/☎391-1146/★通年/㊡日・祝/(営)10-18/Ⓟ無/朝どり、新鮮野菜を売っています

飯田園芸/中希望が丘41/☎362-5994(8-9時半)/★通年/㊡日・年始/(営)10-17、野菜の直売は13時半から(水・土)/Ⓟ1/珍しい野菜を直売しています

斉藤農園直売所/中白根1-1-9/☎951-4367/★通年/毎日/(営)10-17/Ⓟ1/安全、安心な野菜づくりをしています *P66

山田農園直売所/東希望が丘113-1/☎391-0751/★4-12月/不定期/(営)10-17/Ⓟ1

山田 宏/東希望が丘142/☎391-0519/★タケノコの季節(4月上-5月上)と年末、引き売り(4-5日に1回)/(営)9-午前中/Ⓟ無/新鮮野菜

八ッ橋農園/東希望が丘187-8/☎391-1406/★通年/毎日/(営)10-17/Ⓟ無/旬な野菜を販売中! *P70

(有)水郭園/東希望が丘191/☎361-0406/★10-3月(10-17時)、4-9月(10-18時)/㊡木/Ⓟ10/平飼の横浜市内産の卵、新鮮な卵があります。相鉄線2駅からアクセス可 *P67

櫻井三喜男/矢指町1723-4(追分市民の森内、中原街道高架下付近)/☎952-1372/★通年/㊡不定休・年末年始/(営)8半-11半/Ⓟ無/すぐ近くの畑から、とれたて新鮮のお野菜を販売しています *P70

[泉区]

田丸園/和泉町154/☎800-0820/★4-10月(8-18時)、11-3月(9-17時)/毎日/Ⓟ5/アロエを販売。農薬は未使用。大きさと元気さに驚かさせます *P126

下和泉野菜直売所/和泉町602/★4-12月/㊡1-3月・雨天・不定休/(営)13半-売(3-4時間)/Ⓟ2/当日の収穫物ですので、土付きですが超新鮮です

矢澤果樹園/和泉町1328/★11月(カキ)、11-12月(ミカン)/火・木・土/(営)9-売/Ⓟ有/直売ならではの、とりたてでかためのカキ・リンゴを販売できるよう心掛けていきます *P90

和泉ナーセリー/和泉町1461/☎801-7167(8-17時)/★4-6月、10-12月/毎日/(営)9-17/Ⓟ5/長持ちできる花を心掛けています

安西農園/和泉町2047-1/☎802-4537/★通年/㊡天候次第/(営)10半-売/Ⓟ2/自動販売機で直売しています。白菜、トマト等はお声掛け下さい。トマト、トウモロコシは、とてもおいしいです

近藤節夫/和泉町2922/☎802-3743/★4-12月/不定期/㊡日、雨天/(営)10-夕方/Ⓟ10/採りたて野菜です!

がじぇっとの森まいなん/和泉町3532-1/☎801-2050/★通年/営業日カレンダー配布有/㊡不定休/(営)10-売/Ⓟ2/胃袋が喜ぶ元気いっぱい野菜の愉快な直売所です *P127

宮澤果樹園/和泉町3667/☎802-0274/★8月中-下(ブドウ)、10月中-11月(カキ)、4月上-5月上(タケノコ)/㊡無休/(営)9-売/Ⓟ5/朝採りの新鮮な果物を是非お試し下さい

安西 要/和泉町3772/☎802-2253/★5-7月/毎日/(営)14-18/Ⓟ無/新鮮でおいしい野菜をどうぞ!

●野菜 ●果物 ●花 ●その他 ★営業期間 ㊡休業日 ㊢営業時間 Ⓟ駐車場

● 大曽根園/寺家町134/☎962-2133/★8月下-9月上、10-11月/火・木・土・日/㊢10-14/Ⓟ無/浜なし、浜かきを主に旬の野菜も多少販売しています

●● 大和園/寺家町169/★6-7月(夏野菜)、10-11月(カキ・野菜)/㊡不定休/㊢10-16/Ⓟ無

● 大和園/寺家町176/★8月上-10月中/㊡不定休/㊢10-16/Ⓟ4-5/出来るだけ毎日収穫しますが、数に限りがありますので早めにご来園下さい

● 森谷商店直売所/寺家町318/☎962-2126/★5月下-7月、10-12月/㊡火/㊢10頃-19頃/Ⓟ有

●●● 金子農園/寺家町477/☎080-3400-4243/★3-12月/水・金・日/㊢9-14/Ⓟ1/他店にないものを扱っています

● 岸農園/下谷本町7-1/☎090-2400-2224(9-17時)/★通年/㊡年末年始/㊢9-16/Ⓟ有/ご来園前には必ずご連絡ください。http://kissy-berry.p-kit.com/

●●● 徳江農園/下谷本町30-4/☎973-2829/★通年/月・水・土/㊢11-16/Ⓟ有/市内施設で育てたきのこや野菜、お米を販売しています。いちごや珍しいきのこもあります *P29

● 軽井沢やさい館/しらとり台33-1/★通年/㊡12月31日-1月6日・時々日曜日/㊢9-13/Ⓟ無/農業体験を実施しています

● 横溝園芸/新石川2-21-4/☎911-3403/★4-6月(春夏)、10-12月(秋冬)/要問合せ/Ⓟ有/横浜市環境保全型農業推進者の認定を受けています

●●● 社会福祉法人 グリーン/すみよし台30-14/☎961-0305/★通年/㊡土・日・祝・年末年始/㊢9-16/Ⓟ無/農薬を使わず野菜を作っています。大豆から手作りの味噌もおすすめです *P28

● 田奈駅前直売所/田奈町75-2/★通年/㊡不定休/㊢昼前後-夕/Ⓟ有料/お客様が喜ばれるので、頑張っています

● 吉浜友太郎/千草台46-10/☎973-4963/★通年/㊡不定休/㊢8-18/Ⓟ2/価格は基本的には100円均一とし、なるべく農薬使用を控え、使用する場合は、JA指導員の指導により安全には極力注意しています

●● 仲居園/千草台47-3/★通年/㊡年末年始/㊢7-18/Ⓟ5/新鮮野菜をモットーに旬のもの、できる限りの農薬を使わない野菜の生産をしています

●● みたけ台村田直売所/みたけ台41-4/☎973-1285/★通年/㊡不定休/㊢10-売/Ⓟ無/季節の新鮮野菜販売(夏のトマト、天日干しの米)が大人気です

[旭区]

● 内田農園/市沢町53/☎373-4652/★通年/毎日/㊢8-18/Ⓟ4/トマト甘い。冬場タクワン大根

● 二宮いちご園/今川町11/☎362-9115/★12-5月/㊡不定休/㊢10-売/Ⓟ8/完熟した新鮮いちごを取りそろえております。いちごの摘み取りもやっています(要問合せ) *P67

● 渡邊一茂/今宿東町1632/☎951-0129/★通年/㊡不定休/㊢9-18/Ⓟ2/朝採りにこだわっています

● 栗原農園 新鮮野菜直売所/今宿南町1842/☎951-2440/★通年/水・土・日/㊢9-売/Ⓟ無/朝採りを基本に、新鮮さを売りにしています

● 今宿南売店/今宿南町1925/☎951-3617/★通年/㊡不定休/㊢9-18/Ⓟ2-3/年寄りが丹精込めて作った野菜です。美味しく味わってください!

● 金子園芸/小高町35/☎373-5529/★3-12月/㊡月/㊢10-16/Ⓟ2/多数の品目を取り揃えて、お待ちしております。横浜市環境保全型農業推進者の認定を受けています

● いちご屋/小高町70/☎373-5242/★1-5月/毎日/㊢10-12、14-17/Ⓟ6/事前にご予約ください

● 田中園芸/上川井町1028-4/☎921-0206(9-17時)/★1-12月(花苗・野菜苗)、11-12月(シクラメン)/毎日/㊢9-17/Ⓟ有/横浜市環境保全型農業推進者の認定を受けています。品質の向上を心がけています。年間を通して野菜苗を生産しています

● 杉崎園芸/上川井町2480/☎922-2930(10-日没昼除く)/★通年/毎日/㊢10-日没(昼休有)/Ⓟ有

●● 足立農園/上川井町2698/★4-9月(13:45-16:45)、10-3月(13:15-16:15)/水・土/Ⓟ無

● 横浜大輪蘭華園/上白根町246-1/☎952-0402/★通年/毎日/㊢9-17/Ⓟ10/横浜市内唯一の胡蝶蘭生産・直売

●● よこはまあさひブルーベリーの森/川島町1648-3/☎080-6732-1187/★詳しくはHPをご覧下さい/Ⓟ16/楽しくブルーベリーのつみとりが出来ますよ! *P92

●● 綿貫 進/川島町1865/★通年/火・木・土/㊢9-12/Ⓟ無/家族皆で頑張っています。野菜全般とブルーベリー

● 白井農園直売所/川島町3083/☎381-0029、090-2410-7415/★通年/原則月・水・金/㊢14-18/Ⓟ無/安心・安全な野菜です。有機肥料をたくさん使った栽培を心がけています

●● 佐藤農園/桐が作1789/☎351-1235/★通年/毎日/㊢9-売/Ⓟ2/できるだけ農薬を使わず栽培し、朝採りのものを100円均一で販売しています

JA直営直売所（JA横浜・JA田奈）

区	名称	所在地	電話番号	営業日	定休日	営業時間	P	一言PR	掲載
青葉区	たまプラーザ農産物 直売所「ハマッ子」	美しが丘2-15-1 (たまプラーザ支店敷地内)	905-1353	年中 無休	年末年始等 特定日	10-17	有	「季節」の旬を味わいに… 駅北口方面、徒歩2分。	*P28
	中里農産物直売所 「ハマッ子」	下谷本町40-2 (中里支店敷地内)	973-2522	年中 無休	年末年始等 特定日	9半-17	有	横浜市内産こだわりの野菜を直売 9月には幻の浜梨も登場します	*P40
	田奈恵みの里直 売所　四季菜館	田奈町52-8	507-4593	火-日	月曜日(祝日は営業、翌 日振替)、年末年始等	10-18	有	昭和12年築の蔵を使った味わい深い直売所に 田奈産の農産物が並びます。H24年5月オープン	*P41
旭区	メルカートつおか	今宿西町289	953-9558	年中 無休	年末年始等 特定日	8半-17	有	地域に密着した店舗です	
	南万騎が原農産物 直売所「ハマッ子」	柏町131-2	363-9403	年中 無休	年末年始等 特定日	9半-17	有	生産者の協力を得て夕方の品揃え も充実しています!	
泉区	泉区ファーマーズ マーケット「ハマッ子」	下飯田町 1624-1	803-9272	年中 無休	年末年始等 特定日	9半-17	有	旬のとれたて新鮮野菜が豊富です!	*P128
	メルカートみなみ	中田西2-1-1	805-6641	年中 無休	年末年始等 特定日	8半-17	有	地元の女性農業者が作った新鮮野菜や手作り加 工品を揃えて皆様のご来店をお待ちしています。	*P127
磯子区	メルカートいそご	田中2-4-8	771-9081	年中 無休	年末年始等 特定日	8半-17	有	家庭菜園用の肥料や資材も豊富 に取り揃えております	*P139
栄区	本郷農産物直売所 「ハマッ子」	桂町279-24 (本郷支店敷地内)	896-0546	年中 無休	年末年始等 特定日	9半-17	有	毎朝、地元から届く新鮮な野菜を 豊富に取り揃えております。	*P81
瀬谷区	瀬谷農産物直売所 「ハマッ子」	本郷2-32-10 (瀬谷支店敷地内)	304-9599	年中 無休	年末年始等 特定日	9半-17	有	春には地元で採れたウドも店頭に 並びます	*P105
都筑区	都筑中川農産物 直売所「ハマッ子」	中川中央 1-26-6	912-3731	年中 無休	年末年始等 特定日	10-17半	有	センター北駅徒歩1分! 市内最大規模の直売所 (売り場面積約133㎡)です。H24年3月2日オープン	
	メルカートきた	東方町1401	949-0211	年中 無休	年末年始等 特定日	8半-17	有	市内最大級の売場面積と広い駐車場が特徴のお 店です。また寄りたくなる直売所づくりをしております。	*P17

直売所

［青葉区］

あざみ野園/あざみ野4-23/☎901-3437/★8月中-9月/㊡不定休/(営)売り切れまで/Ⓟ10/梨が主体、サツマイモ掘り(10中-11月上)

森直売所/市ケ尾町502-6/★通年/毎日/(営)9-17/無

関戸花園/美しが丘西2-41-9/☎901-3635(9-17時)/★11月25日-12月中/㊡要問合せ/(営)10-16/Ⓟ無/品質の高いシクラメンをお届けします

鈴木秦幸/恩田町1033/☎981-1409/★5-8月、10-12月/㊡日/(営)11-17/Ⓟ5/少ない農薬での栽培です。安心して食べられるおいしい野菜を安く提供しています。中でも木で熟したトマトがおいしいと評判を頂いています

あかね台直売所/恩田町1643付近/★通年/水・日/㊡年始・盆/(営)13-17(夏は変更)/Ⓟ無/有機肥料を使い、新鮮な野菜を取りそろえております

鈴木徹雄/恩田町1761-2/★通年/木・日/㊡不定休/(営)14-17/Ⓟ有/手作りの新鮮野菜を販売しています

中山農園/柿の木台10-4付近/★通年/㊡不定休/(営)7-18/Ⓟ1/おいしい野菜として評判です

一期屋(いちごや)/鉄町380-1/☎080-5470-4619/★12-5月/㊡月・木/(営)10-売/Ⓟ6/少ない農薬栽培です

青葉農園/鉄町726/☎979-4187(10-19時)/★通年/㊡1月1日/(営)10-19/Ⓟ有/広い敷地に草花、野草、庭木、果樹などの多品種の生産を心がけています。特にバラ苗は品種、量ともに初心者から上級者まで納得いただける品揃えをしています

坂田農園/鉄町1509/☎971-3675/★8-9月/㊡不定休/(営)9-17/Ⓟ5/横浜の名産「浜なし」を生産直売、梨狩りをしています。梨でででできた焼肉のたれ「万能たれ」も直売しています

渋谷農園/鉄町1593/☎971-1278/★8-9月/不定期/(営)11-売/Ⓟ3/宅急便での発送が中心

桜台園芸/桜台35-10/☎981-4847、090-9019-6488(9-17時)/★通年/㊡年末年始、不定休/(営)9-12・14-17/Ⓟ有/花も新鮮なものが一番です

はやし農園直販所/さつきが丘37-5/☎090-9102-5538/★通年/土/㊡田植え・稲刈り・真冬/(営)昼-夕/Ⓟ無/たくさんの旬(年間50種類程度)を栽培している畑のなかにある、直売所です。「こんな野菜ある?」とお気軽におたずねください。あなたのお気に入り野菜、増えるかもしれませんよ! *P40

大曽根利一/寺家町20/★通年/㊡火・年末年始・8-9月20日頃/(営)12-16頃/Ⓟ無/子どもを育てるように大切に作っています

金子農園直売所/寺家町118/★8月中-9月上(ブドウ)、10-11月(カキ)/毎日/㊡荒天時/(営)9半-16/Ⓟ無/ヨシズ張りで雰囲気のあるお店です。ぜひお立ち寄りください

横浜市は農地の近くに住宅地があるのが特徴で、直売所での農産物の販売が盛んです。現在、なんと大小合わせて約1000カ所の農産物直売所があるといわれ、ほぼすべての区で新鮮な地場農産物を買うことができます。実用情報のページでは、横浜産農畜産物のおいしさ、すばらしさを知ってもらおうと、「買う・味わう・体験する」情報を可能な限り掲載しました。ぜひ、横浜でとれたおいしい農畜産物を味わってください。

①買う!

直売所 **野菜市** **小売店**

生産者が畑の一角で販売している小規模なものから、生産者グループによる野菜市、ＪＡの直営店、自動販売形式のものなど多様な形態があります。本書に掲載されていない直売所や小売店もありますので、お近くの店で横浜産農畜産物を探してみてください。

②味わう!

よこはま地産地消サポート店

横浜でとれた、新鮮な旬の野菜や果物、畜産物を積極的にメニューに取り入れて、地産地消に取り組んでいる飲食店として横浜市の登録を受けている店舗を紹介しています。

③体験する!

収穫体験ができる農園

旬の野菜や果物を収穫する喜びや土の温もりなど、普段味わうことのできない驚きの体験が待っています。

☞アイコンはここで確認してください

●野菜　●果物　●花　●その他

※その他のアイコンには加工品、惣菜などが含まれます。
※イチゴは野菜に属します。

[直売所のマークの見方]

★営業期間　㊡休業日　(営)営業時間　Ⓟ駐車場

横浜生まれの農産物には目印がついてるよ！

[はま菜ちゃん]

横浜ブランド農産物として認定された30品目の野菜や果物に付いているシンボルマーク。横浜の農家が一生懸命育てた、新鮮でおいしい野菜の目印。

●野菜26種類　ほうれん草、小松菜、トマト、キュウリ、ナス、トウモロコシ、カリフラワー、ネギ、枝豆、インゲン、キャベツ、白菜、ブロッコリー、カブ、大根、ニンジン、玉ネギ、ジャガイモ、サツマイモ、里芋、ゴボウ、レタス、春菊、水菜、漬け菜類、ウド(瀬谷地区限定)

●果物４種類　ナシ、ブドウ、柿、梅

[ハマッ子]

JA横浜のオリジナルブランド。同農協の組合員が丹精込めて育てた横浜産農畜産物はすべてハマッ子ブランド。JA横浜独自の一括販売によりスーパーや地元小売店で幅広く流通するほか、市内各地の直売所に並んでいる。

注意事項

●問い合わせ先として掲載している各施設・直売所の電話番号は、あくまでも問い合わせ番号であり、直売所への直通電話番号とは限りません。ＪＡの支店や生産者の自宅に電話がかかる場合もあります。受付時間内の問い合わせを厳守してください。また、市外局番を省略しています。横浜市の市外局番は「045」です。

●掲載データは、2011年12月現在のものです。内容が変更される場合がありますので、ご利用にあたっては最新情報をご確認ください。また、直売所における販売品目や量は季節や時間帯によって変動します。本誌で掲載された内容により生じたトラブルや損害等については補償いたしかねます。あらかじめご了承の上、ご利用ください。

とれたてを食べよう!

横浜の野菜や果物、畜産物や加工品はどこで買えるの?

ナシ
主な産地=緑区、青葉区、港北区、泉区、戸塚区など

トウモロコシ
主な産地=瀬谷区、旭区、泉区など

長ネギ
主な産地=瀬谷区、緑区、泉区など

枝豆
夏場に多くの農家が直売用に生産する

ブドウ
主な生産者=泉区、戸塚区、港北区、緑区など

ほうれん草
主な産地=都筑区、戸塚区など

トマト
主な産地=泉区、港北区、戸塚区、都筑区など

小松菜
主な産地=都筑区、戸塚区、泉区など

キャベツ
主な産地=神奈川区、泉区、保土ケ谷区など

シクラメン
主な生産者=港北区、泉区、戸塚区、都筑区など

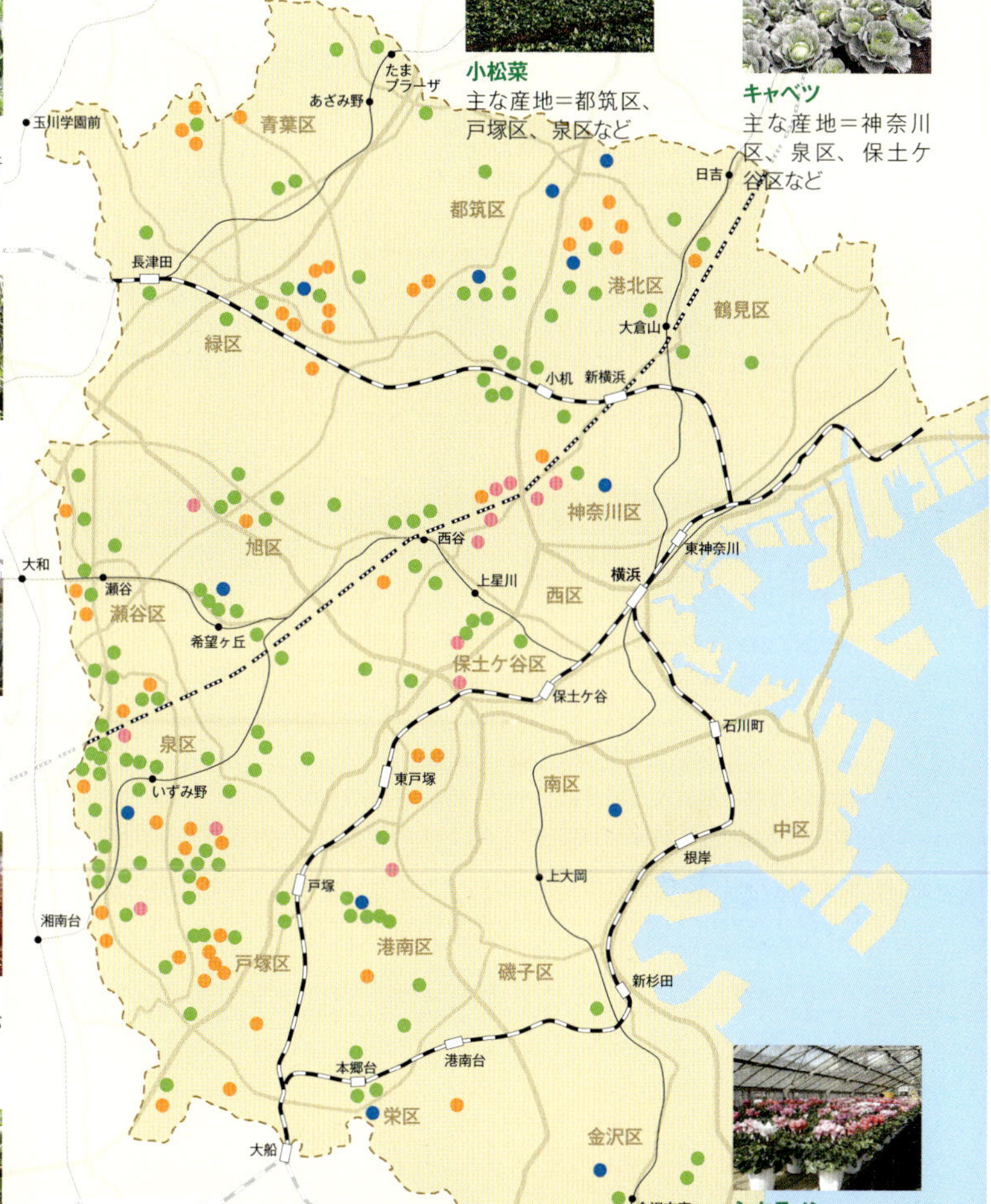

野菜● 果物● 花● 畜産物●

*上の地図は市内にある直売所の分布を示したイメージ図です。実際の所在地はP160〜P173をご覧ください。

決定版　横浜の地産地消ガイドブック

食べる. 横浜

2012年3月20日　初版発行

この本を作るにあたり横浜の４者が協力した。横浜市は農政の蓄積を生かす。若手や中堅は慣れないペンとカメラに苦戦しつつも農家の思いを伝えようと努め、ベテランたちは知識と経験を発揮する。ＪＡ横浜、ＪＡ田奈は培った信頼感で地産地消の実態を調べ、市とともに一つでも多くの直売所を紹介しようと汗をかく。神奈川新聞社は全域にわたる取材と編集に奔走する。４者はお互いのセオリーの違いに時に戸惑いながらも、横浜産の魅力を知ってほしいと力を合わせた。これで終わりではなく、読者の皆さんの声をさらなる進歩の糧にしたい。教えていただいたことを胸に、それぞれの持ち場で励みたい。委員会の核となった毎月の編集会議はいつも時間オーバーだった。その熱気は行間ににじんでいるかもしれない。

編著●『食べる. 横浜』制作委員会

横浜市環境創造局（農業振興課　北部農政事務所　南部農政事務所　農地保全課）

JA横浜（広報課　地域ふれあい課　農業振興課　販売課　経済課）

JA田奈（総務課　指導相談課）

神奈川新聞社

取材・執筆・撮影●大無田龍一（神奈川新聞社）

編集●高木佳奈（神奈川新聞社）

デザイン●篠田 貴（神奈川新聞社デザインセンター）

散歩道マップ・イラスト●久保 文

協力●小曽利男 小林一登 荒井和夫 田辺里奈（神奈川新聞社）

大河原雅彦

石原祥子

サカタのタネ

カナロコ

発行　神奈川新聞社

本社　〒231-8445 横浜市中区太田町2-23

電話 045(227)0850

ホームページ:http://www.kanaloco.jp/

Printed in Japan

ISBN978-4-87645-485-3 C0026